科普中国
CHINA SCIENCE COMMUNICATION
国防电子信息基地作品

精导大矩阵

9×9

电子工业出版社
Publishing House of Electronics Industry
北京 · BEIJING

图书在版编目（CIP）数据

精导大矩阵9×9 / 付强, 湘江北去团队著. -- 北京：
电子工业出版社, 2023.7

ISBN 978-7-121-45960-3

Ⅰ.①精… Ⅱ.①付… ②湘… Ⅲ.①制导武器 – 通
俗读物 Ⅳ.①TJ765.3-49

中国国家版本馆CIP数据核字(2023)第129744号

责任编辑：张正梅　　　文字编辑：苏颖杰
印　　刷：河北迅捷佳彩印刷有限公司
装　　订：河北迅捷佳彩印刷有限公司
出版发行：电子工业出版社
　　　　　北京市海淀区万寿路173信箱　　邮编：100036
开　　本：720×1000　　1/16　　印张：13.5　　字数：200千字
版　　次：2023年7月第1版
印　　次：2023年10月第2次印刷
定　　价：88.00元

凡所购买电子工业出版社图书有缺损问题，请向购买书店调换。若书店售缺，请与本社
发行部联系，联系及邮购电话：（010）88254888，88258888。

质量投诉请发邮件至zlts@phei.com.cn，盗版侵权举报请发邮件至dbqq@phei.com.cn。

本书咨询联系方式：（010）88254757；zhangzm@phei.com.cn。

作者简介

付 强

　　国防科技大学教授、博士生导师，中央军委装备发展部跨行业专业组专家，中国国防科学技术信息学会常务理事。长期从事军事科研与教学工作，曾荣获国家科技进步二等奖 4 项、军队院校教学成果一等奖 1 项。主编 MOOC 教材《导弹与制导》，2021 年获评首届全国教材建设奖；主编"精确制导技术应用丛书"（全套 7 册），首版公开发行量近 18 万册，2016 年获评科技部全国优秀科普作品；主讲中国大学精品视频公开课"精确制导新讲"（教育部"爱课程"平台）；主讲首批国家级一流本科 MOOC"精确制导器术道"（清华大学"学堂在线"）。

湘江北去团队

科研教学　　+　　科普活动　　+　　融媒创作

科研教学	科普活动	融媒创作
宋志勇　朱永锋	华宏虎　李　振	湘水余波　彭韵潼
傅瑞罡　蒋彦雯	龚政辉　孙统义	邓　迪　　姚　远
杨　烨　达　凯	韩佳宁　姚英姿	李雅茹　　常田玉
	李雪梅　彭　惠	

精导大矩阵
9×9

前 言

所谓"精导"，即精确制导，特指控制引导武器准确飞向目标。"制导"的英文是 Guidance，本义为"引导和导向"。本书中的"精导"还意指精心传导知识，精确打动读者。

所谓"大矩阵"，即对作品内容与形式进行总体设计、集群传播，犹如排兵布阵，既可集团作战，亦可单兵出击，由此形成国防科普传播的矩阵模式：格局把握 + 单元了解。

本书将精确制导和精确打击相关知识内容分成 9 章，每章 9 节，共 81 个单元，构成一个 9×9 的大矩阵，全景展示精确制导领域知识：从解析让导弹准确飞向目标的制导方式，到剖析精确制导武器对抗要素；从分析六大精确制导武器特色，到详析精确打击作战体系建设。同时，每个单元都是独立的，适合"碎片化阅读"，符合生长于互联网时代的在校学生、部队官兵和社会大众获取知识的习惯。这就是所谓矩阵模式的特点：全景展示 + 碎片阅读。

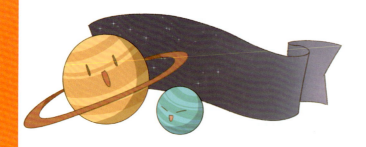

　　国防科技大学秉持"科技创新与科学普及两翼齐飞"的理念，将学科专业资源转化为科普资源，于 2019 年 12 月与中国科学技术协会合作，建设了军队首个"科普中国共建基地"，以"科普中国"App 的科普号"国防电子信息"为平台，开展适合互联网传播的国防科普创作。科普中国共建基地集萃团队两年多的原创科普成果，将之系列化，形成"国防科普融媒书·精确制导三部曲"，形式有图文、视频和漫画等，融媒特色明显，极具创新性。

　　"国防科普融媒书"系列作品得到"国防科技战略先导计划"支持！在此向所有给予支持的部门和相关人员表达诚挚谢意！

著者

目 录

微课热场

A 从"百里穿洞"的导弹，说精确制导技术

主讲人
国防科技大学付强教授

微课视频二维码

从"百里穿洞"的导弹
说精确制导技术

内容简介

　　本微课的知识点是精确制导技术定义及解析。本微课通过"斯拉姆"远程空地导弹的战例讲解精确制导与精确打击相关知识，采用"百里穿洞"的形象描述和"耳目""大脑""身手"的类比诠释，使学习者加深对专业定义的理解，产生深入浅出的教学效果。

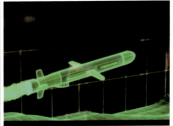

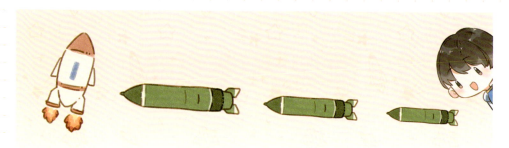

 # 导弹的"脑袋"——导引头的奥秘

主讲人
国防科技大学付强教授

微课视频二维码

内容简介

　　本微课介绍导引头的基本知识。导引头是精确制导武器的关键部件，被称为导弹的"脑袋"。本微课以"爱国者"-3导弹为例，说明导引头的地位和作用，随后讲解常见的各类导引头及其工作原理、技术指标。欢迎学习者掀开导引头的"神秘面纱"。

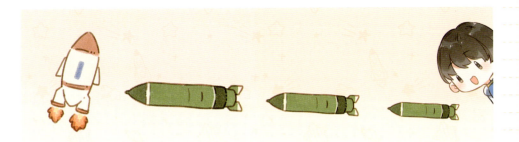

C 主动寻的制导如何实现"发射后不管"

主讲人
国防科技大学付强教授

微课视频二维码

内容简介

　　本微课的知识点是主动寻的制导技术，这是一种常用的制导方式。本微课通过"飞鱼"反舰导弹的著名战例，分析"发射后不管"武器的精确打击作战初、中、末制导过程，特别阐明主动寻的制导技术在其中发挥的作用，最后推出我国的"鹰击"反舰导弹，引人入胜。

1 让导弹精确飞向目标

1.1 精导探秘——神秘的精确制导技术

我们先讲一个海湾战争中"导弹打导弹"的战例。

1991 年 1 月 18 日凌晨，美国空军航天司令部接到导弹来袭警报，随后，多国部队设在沙特阿拉伯的"爱国者"导弹发射阵地实施拦截。下图为"爱国者"导弹在沙特阿拉伯首都利雅得拦截"飞毛腿"导弹的场面。美军同时发射了两枚导弹进行拦截，其中一枚脱靶，另一枚击中目标，碎片和残骸纷纷向下散落，场面非常壮观。

"爱国者"导弹拦截"飞毛腿"导弹的场面

精确制导导弹（以下简称"导弹"）是精确制导武器大家族中最大的分支。除导弹外，精确制导武器还包括精确制导弹药和水下制导武器。

精确制导导弹

精确制导弹药

水下制导武器

精确制导武器是采用精确制导技术，命中率较高的武器。为什么精确制导武器具有实施精确打击的"神功"呢？主要原因就是这类武器有保证打击精度的制导装置，这些装置采用了先进的精确制导技术。在导弹飞行轨迹中段，精确制导技术要确保导弹准确到达指定的目标区域；特别是在导弹飞行轨迹末段，要引导导弹准确命中目标。

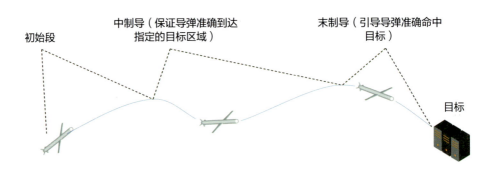
精确制导技术在导弹飞行轨迹中／末段发挥作用示意图

那么，什么是"精确制导技术"呢？

精确制导技术是精确制导武器的核心技术，主要研究弹载精确探测、信息支援综合利用和高精度导引控制技术。其中，弹载精确探测技术主要用于对目标进行精确探测、识别和跟踪；信息支援综合利用技术利用信息支援保障系统提供的信息对目标进行定位和识别；高精度导引控制技术利用精确探测系统和信息支援保障系统提供的目标信息，以及弹上设备和（或）其他外部信息提供的导弹位置和运动状态信息，采用先进的控制设备和制导控制方法，确保武器精确命中目标。

"独眼巨人"导弹

精确探测技术就像人的眼睛和耳朵，它们独立或联合获取所要攻击目标的信息。精确制导武器的"眼睛"和"耳朵"是武器获取战场目标和环境信息的基础，在技术领域中称为"传感器"。雷达传感器、光学传感器和多模／复合传感器等，是导弹的"耳目"，再加上弹外探测制导装置（如地面制导站）及信息支援保障系统（如卫星、预警机）作为弹外"耳目"，助力精确制导武器"观六路、听八方"，在复杂的战争环境中发现具有打击价值的目标。

借助"眼睛"和"耳朵"发现目标后，怎样准确地识别、跟踪并攻击目标呢？这就需要精确制导武器的"大脑"来处理信息、运筹帷幄。信息处理与综合利用技术就像人的大脑，能够综合"亲身体验"（弹上信息）及"旁人指点"（弹外信息），智能地做出决策。

要确保导弹准确命中目标，就必须时刻保证导弹有正确的位置和正确的飞行方向。导引控制技术就像人通过神经系统控制双手双脚，执行大脑发出的各项指令一样，控制导弹的飞行。

1.2 灵气所在——制导武器的"耳目"和"大脑"

精确制导武器与其他传统武器的最大区别在于它具有"耳目"和"大脑"，被称为导引系统。导引系统的基本功能是获取被攻击目标的信息，并按程序对信息进行分析处理，为导弹提供指引和导向。

（1）精确探测技术——让制导武器长上"眼睛"和"耳朵"

我们已经了解，精确制导武器的"眼睛"和"耳朵"就是各种传感器。除"耳目"外，精确制导武器通常还配备弹外探测制导装置（如地面制导站），用于探测目标和环境，并导引控制导弹飞行；此外，还可以通过信息支援保障系统（如卫星、预警机等），获取多种多样的情报，并通过信息链相互传递。下面来看几种常见的传感器。

🎙 雷达

雷达的突出特点是作用距离远，制导精度高，可全天时（白天/黑夜）、全天候（云/雾/雨/雪/沙尘）工作；能精确测出目标的位置，并自动跟踪。有的雷达能对多个目标智能排列威胁等级，从而有选择地进行攻击；还有的雷达能够滤除地物的杂波，测出目标的飞行速度等。

陆基预警雷达　　　　　　机载预警雷达　　　　　　海基预警雷达

🎙 红外传感器

红外传感器能够将目标（如飞机尾喷管口）辐射的红外能量转换成信号

处理机能够处理的电信号。红外传感器从结构来看，历经了点源、一维线阵、二维面阵等发展阶段；从工作频段来看，历经了单色红外、双色红外、多光谱等发展阶段。二维面阵成像传感器代表最新技术。

"响尾蛇"导弹采用了红外传感器

🔔 激光传感器

有些导引系统采用激光技术作为探测手段，目前主要采用波束制导或半主动寻的。在采用波束制导时，地面激光雷达一直跟踪照射目标。导弹检测自己是否偏离激光波束中心线，并不断纠正偏差，直至命中目标。

采用激光半主动制导的
AS-30L 导弹

🔔 电视传感器

电视（可见光）传感器采用高分辨率 CCD 摄像头，附加长焦镜头之后，能"看"清几十千米远的目标。很多导引系统将电视传感器作为辅助观测设备。

电视导引头侧面特写

🔔 惯性测量装置

惯性测量装置（陀螺仪和加速度计等）可以说是导弹的"内眼"，它主要用来测量导弹自身的运动状态，是惯性导航的主要传感器。

🔔 声呐探测装置

声呐探测装置可以说是水下制导武器的"顺风耳"。声呐是利用声波对目标进行探测、定位和通信的一种电子设备。

一种拖曳式声呐探测装置

（2）信息处理与综合利用技术——使制导武器具有"智力"

精确制导武器导引系统的"大脑"，由看得见、摸得着的信息处理机硬件和看不见的软件系统组成，它们处理信息的能力直接决定了导弹的"智力"水平。"大脑"根据"眼睛""耳朵"探测到的目标信息，正确地感知和理解外部环境，实现目标检测、识别与跟踪，并形成制导指令。

"爱国者"-3导弹的导引头

"爱国者"-3导弹发射瞬间

导弹在打击目标的过程中，需要依靠一套制导方式来飞向目标。制导方式又称制导体制，是处理所获取的信息、引导武器攻击目标的技术方法和手段。

1.3 制导概述——精确制导系统工作原理

1982 年 4 月 2 日，英国和阿根廷之间爆发了马尔维纳斯群岛战争。这是第二次世界大战结束后规模最大的一次海上战争。战争中，阿军发射的一枚"飞鱼"导弹准确命中目标，击沉了英军价值两亿美元的"谢菲尔德"号驱逐舰。"飞鱼"导弹是怎么做到的呢？

飞行中的"飞鱼"导弹

"谢菲尔德"号驱逐舰

导弹在打击目标的过程中需要依靠制导系统来导引。制导系统是以导弹为控制对象的一种自动控制系统，由制导装置和导弹构成闭环回路。

制导装置由测量装置、计算装置和执行装置三部分组成。测量装置用于测量导弹的运动参数或导弹和目标的相对运动参数。攻击活动目标时，通常使用雷达或可见光、红外光、激光探测器等；攻击地面固定目标时，使用由加速度计、陀螺仪等组成的惯性测量装置，有些导弹还使用电视传感器或光学测量仪器等。计算装置将测量装置测得的参数，按设定的算法进行计算处理，形成制导指令信号。执行装置用于放大制导指令信号，并通过伺服机构驱动导弹舵面或发动机等的偏转，从而调整导弹推力方向，控制导弹按预定制导指令的要求飞行，同时对导弹姿态进行稳定控制，消除干扰对运动的影响。测量装置和计算装置既可安装在弹上，也可安装在地面或其他载体上，执行装置则必须安装在弹上。

制导系统由导引系统和姿态控制系统组成。制导系统的功能是探测或测定导弹相对于目标的飞行参数，计算导弹的实际位置与预定位置的飞行偏差，从而形成导引指令，并操纵导弹飞行方向，使其准确地飞向目标。制导系统有的全部在弹上，有的由弹上制导设备和制导站制导设备两部分组成。

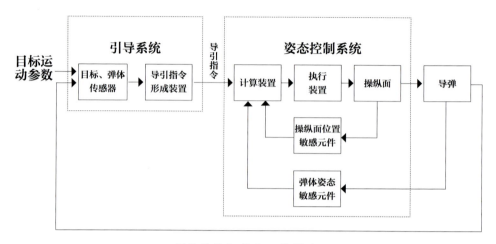

制导系统组成及工作原理

制导方式就是制导系统的工作方法与形式。不同的制导系统，采用的制导方式也不相同。常用的制导方式包括遥控制导、寻的制导、匹配制导、惯性制导、卫星制导和复合制导。

"陶"式反坦克导弹采用遥控制导

"飞鱼"反舰导弹采用雷达寻的末制导

遥控制导是由弹外的制导站测量数据，并向导弹发出制导指令，由弹上执行装置操纵导弹飞向目标的制导方式。

寻的制导是由弹上的导引头探测接收目标的辐射或反射能量，自动形成制导指令，控制导弹飞向目标的制导方式。在马尔维纳斯群岛战争中，"飞鱼"导弹通过雷达寻的末制导击沉了"谢菲尔德"号驱逐舰。

匹配制导是通过将导弹飞行路线的典型地貌/地形特征图像与弹上存储的基准图像做比较，按误差信号修正弹道，把导弹自动引向目标的制导方式。

惯性制导是基于物体运动的惯性现象，采用陀螺仪、加速度计等惯性仪器测量和确定导弹运动参数，控制导弹等制导武器飞向目标的制导方式。

卫星制导是指在制导武器发射前，将侦察系统获取的目标位置信息装订在武器中，武器在飞行中接收和处理分布于空间轨道上的多颗导航卫星所发射的信号，从而实时、准确地确定自身的位置和速度，进而形成武器的制导指令。

"爱国者" – 3 导弹采用惯性制导与主动寻的末制导

复合制导是指在导弹飞行的初始段、中段和末段，同时或先后采用两种以上的制导方式。

从制导精度、全天候能力、多目标能力、武器系统要求、弹上设备的复杂性和成本等方面来比较，各种制导方式各有优缺点，技术、战术性能也各有不同。

1.4 遥控制导——唯命是从 准确跑位

美军的"陶"式反坦克导弹采用的就是遥控制导方式，曾在中东战争中大量使用。

遥控制导主要用于反坦克导弹、地空导弹、空地导弹和空空导弹等。

遥控制导可分为有线指令制导、无线电指令制导和驾束制导。

有线指令制导通过光纤等线缆来传输制导指令，抗干扰能力强，但导弹的射程、飞行速度和使用场合等受连接线缆的限制。

无线电指令制导通过无线电波传输制导指令，弹上设备简单，作用距离远，但容易被敌方发现和干扰。雷达指令制导是无线电指令制导的一种常用方式。

采用遥控制导的"陶"式反坦克导弹

请看"雷达指令制导示意图"，地面雷达发现并跟踪目标，导弹跟踪测量装置实时测量导弹位置，指令形成装置综合二者的信息进行计算并产生制导指令，再通过指令传输装置把指令传送给导弹上的指令接收装置和控制装置，引导导弹击中目标。

驾束制导通过在目标、导弹、照射源间形成"三点一线"关系来实现追踪过程，设备简单，但需要外部照射源，且随射程增加，精度会显著降低。

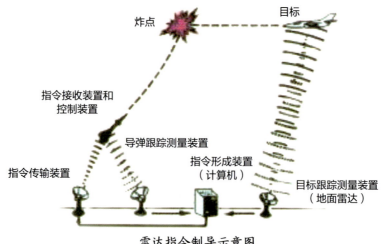

雷达指令制导示意图

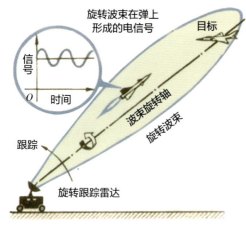

驾束制导示意图

阅兵方队通过天安门广场

　　请看"驾束制导示意图"，地面雷达发现目标并自动跟踪，雷达波束时刻对准目标，同时控制导弹始终位于波束旋转轴附近，在目标、导弹、地面雷达间形成"三点一线"的瞄准关系，引导导弹击中目标。

　　不同制导方式的导引规律各不相同。我们先引入一个"瞄准线"的概念。

　　来看阅兵方队通过天安门广场时的情景，受阅队员的位置和方向总是由标兵确定的。那么导弹在每个瞬间所处的位置或飞行方向又以什么"标兵"来定位呢？导弹的"标兵"称为"目标瞄准线"，即瞄准点和目标之间的连接线，简称"瞄准线"。

根据瞄准线确定导弹的正确位置，并导引和控制导弹朝正确的方向飞行，是现代高精度导引控制技术广泛采用的方法。基于"瞄准线"原理，瞄准通常有三点法、前置点法、追踪法、前置角法等。

这里以地空导弹为例介绍三点法。

三点法要求导弹、目标和瞄准点在一条直线上。采用遥控制导的地空导弹，其瞄准点固定在地面上，如果目标在空中不动，即瞄准线是一条固定不动的直线，那么导弹只要沿着这条瞄准线飞行，就一定能与目标相遇。因此，这条瞄准线上所有的点都是导弹瞬时的正确位置，把这些点连接起来，就是导弹的轨迹线。

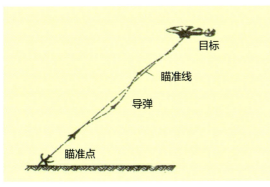
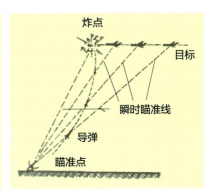

静止目标"三点法"瞄准   移动目标"三点法"瞄准

如果目标在空中飞行，那么瞄准线便围绕瞄准点连续转移指向。任意瞬间的瞄准线称为瞬时瞄准线。只要导弹的位置始终在瞬时瞄准线上，导弹就一定能不断接近目标，最终与目标相遇。导弹偏离理想轨道越远，飞行偏差就越大。

1.5 寻的制导——自我导引 追踪目标

"有的放矢"是我们非常熟悉的成语，"的"就是靶子，也就是导弹攻击的目标。"寻的"的含义就是寻找、追踪待攻击目标。美军的"霍克"导弹采用全程半主动微波寻的制导，"红眼睛"导弹采用红外寻的制导。

"霍克"导弹采用全程半主动微波寻的制导

"红眼睛"导弹采用
红外寻的制导

寻的制导与遥控制导不同的是，遥控制导由弹外的制导站向导弹发出制导指令；而寻的制导则由弹上的制导系统产生制导指令，因此也称自导引、自寻的，即导弹自己寻找目标并瞄准目标飞行。

寻的制导系统的弹上设备，由导引头（探测装置）、自动驾驶仪（控制设备）和弹体（控制对象）组成。

寻的制导系统的弹上设备组成

在寻的制导过程中，导引头发现并跟踪目标，提取目标相对于导弹的位置和运动信息，弹上计算机利用目标信息形成控制信号来控制自动驾驶仪，改变导弹飞行姿态。在飞行过程中，导引头实时更新目标信息，弹上计算机不断形成新的控制信号控制导弹飞行，直至摧毁目标。

如果按传感器类型，或按信息物理特性分，寻的制导可细分为雷达寻的制导、红外寻的制导、激光寻的制导、电视寻的制导。

如果按目标信息的来源分，寻的制导可分为主动寻的制导、半主动寻的制导和被动寻的制导三种。

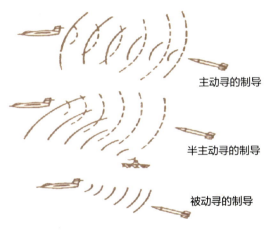

主动寻的制导

半主动寻的制导

被动寻的制导

导弹寻的制导工作原理示意图

在主动寻的制导方式中，导弹接收的信号是其自身发射信号到达目标后的回波。主动寻的制导可实现"发射后不管"，其缺点是受弹上发射功率的限制，作用距离有限，多用于复合制导中的末制导。

在半主动寻的制导方式中，导弹接收的信号是地面或其他制导站的发射信号到达目标后的回波。该方式的优点是弹上设备简单，缺点是依赖外界的照射源，其载体的活动受到限制。

在被动寻的制导方式中，导弹接收的是目标所发出的信号。被动寻的制导同样可实现"发射后不管"，其弹上设备比主动寻的制导方式的简单，其缺

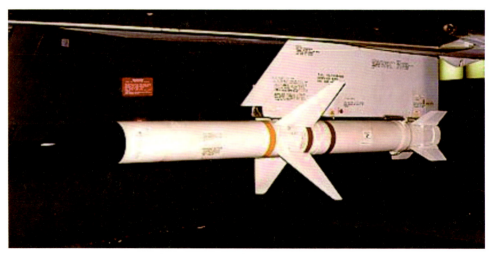

"百舌鸟"反辐射导弹采用被动寻的制导

点是对目标辐射或反射特性有较强的依赖性。被动寻的制导难以应付雷达目标关机的情形。

　　"发射后不管"（fire and forget）是一个代表导弹武器先进性的术语。我们知道，子弹和炮弹一旦打出去，就只能飞到哪儿算哪儿，无法控制。遥控制导一开始是个重大突破，导弹发射之后射手可以继续控制它的飞行方向，但射手的安全问题无法解决。而"发射后不管"武器解决了这个问题，导弹发射后，就让它自己控制自己，自己追踪目标，射手可以隐藏在安全的地方。

1.6 匹配制导——老马识途 关注过程

成语"老马识途"讲的是：管仲和隰（xí）朋春季跟随齐桓公去讨伐孤竹国，冬季返回时，军队迷失了方向。管仲说："可以利用老马的才智。"经验丰富的老马记住了沿途地理特征，带领大军找到了回国的路。老马记住的主要是一些定性特征，而导弹的匹配制导有更精确的要求。

老马识途的故事

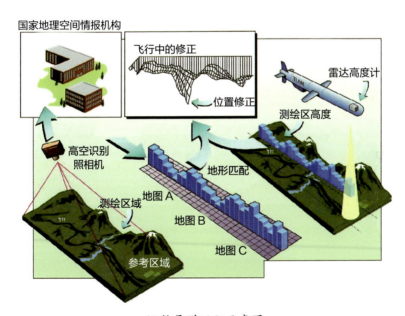

巡航导弹匹配示意图

港口、机场和城镇等地面目标，有许多与地理位置密切相关的特征信息，如地形起伏、特殊地貌、微波辐射、红外辐射和地磁场强分布等。这些特征需在战前通过多种手段获取。匹配制导就是基于这些地貌／地形特征信息与地理位置之间的对应关系的。

匹配制导包括地图匹配、地形匹配、景象匹配、图像匹配等，实际运用的主要有地形匹配和景象匹配两种。

地形匹配制导以地形轮廓线（等高线）为匹配特征，通常用雷达（或激光）高度表作为测量装置，把沿导弹飞行轨迹测取的一条地形等高线对应的剖面图（实时图）与预先储存在弹上的若干个地形匹配区的基准图在相关器内进行匹配，从而确定导弹的位置，并修正弹道偏差。地形匹配制导可用于巡航导弹的全程制导和弹道导弹的中制导或末制导。其优点是容易获得目标特征，基准源数据稳定，不受气象条件的影响；缺点是不宜在平原地区使用。

光学传感器成像

景象匹配制导以区域地貌为特征，采用图像成像装置（雷达式、微波辐射式、光学式）摄取飞行轨迹或目标区附近的区域地图，并与储存在弹上的基准图进行匹配，利用一定范围内一定景物的唯一性，通过匹配的方式，获得实时图在基准图上的准确位置，进而反算出导弹在空间中的位置信息。其优点是能在平原地区使用。

景象匹配制导虽然精度比地形匹配制导高，但复杂程度也相应提高；目标特征不易获得，基准源数据因受气候和季节变化的影响而不够稳定；若采用光学传感器成像，景象成像还受一天内日照变化的影响和气象条件的限制。

这里以"战斧"巡航导弹为例介绍匹配制导。

"战斧"巡航导弹可以在多种平台上发射，这里以潜射为例。下图中标出的 1~9 是初始段，主要看中段和末段。从 10 开始，舰射、空射和潜射的中段和末段是一样的。10 对应海上高弹道飞行，11 对应海上低弹道飞行，二者都汇集到 12。导弹在 12 初见陆地，地形匹配进行首次修正；13 是飞行中途，再次进行地形匹配修正；在 14 避开敌方防空系统（17 是敌方防空阵地）；在 15 进行地形回避和地杂波抑制；在 16 进行末段的景象匹配修正；18 是要打击的目标。

"战斧"巡航导弹制导过程

1.7 惯性制导——独立自主 外邪不侵

惯性制导以牛顿定律为基础，是一种自主制导。所谓自主制导，是指导弹以自身或外部固定基准为依据，发射后不需要外界设备提供信息，可独立自主地飞向目标的制导方式。自主制导是一大类制导方式，包括惯性制导、匹配制导、星光制导等。

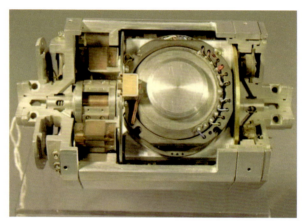

惯性制导部件

下图是惯性制导工作原理框图。陀螺仪用于测量导弹的角运动参数，包括偏航角、俯仰角和横滚角；加速度计用于测量导弹运动加速度；测量数据经过制导计算机运算，得到导弹姿态角、位置坐标和运动速度等导航信息，再与预定轨迹进行比较，进而形成制导指令。组成惯性制导系统的设备都安装在弹上，其特点是不需要任何外部信息就能根据导弹初始状态、飞行时间和引力场变化等确定导弹的瞬时运动参数，因而不受外界干扰。

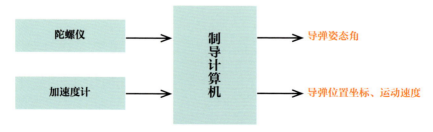

惯性制导工作原理框图

惯性制导按照惯性测量设备在弹上安装方式的不同，分为平台式惯性制导和捷联式惯性制导。

平台式惯性制导是指利用陀螺稳定平台，以平台坐标系为基准测量弹体运动参数的制导模式。平台式惯导系统主要由加速度计、陀螺仪、惯性平台等组成。其优点是精度高、初始定位相对容易；与捷联式惯性制导系统相比，主要不足是体积大、质量大、成本高，使用与测试不方便。平台式惯性制导一般在中远程弹道导弹、洲际弹道导弹上应用较多。

"撒旦"洲际弹道导弹

"萨尔马特"洲际弹道导弹

捷联式惯性制导是指利用与弹体捷联安装的惯性测量装备，在弹体坐标系内测量有关运动参数，并通过计算建立基准的制导模式。相比于平台式惯性制导系统，捷联式惯性制导系统没有惯性平台，所以简化了结构，缩小了体积，减小了质量，降低了成本，提高了可靠性，但精度较低。捷联式惯性制导一般在中近程战术导弹上应用较多。

惯性制导需预先知道导弹自身和目标的位置，因此适用于攻击固定目标或已知运动轨迹的目标。地地、潜地弹道导弹多采用这种制导方式。下图是印度试射的"普利特维"短程惯性制导弹道导弹轨迹图。我们看到，纯弹道轨迹就是抛物线，而惯性末制导调控了弹道轨迹。

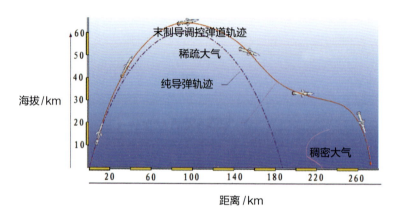

"普利特维"短程惯性制导弹道导弹轨迹图

惯性制导是各类制导方式中最基本、最重要的一种，可应用于导弹飞行的全过程（初始段、中段和末段），并频繁应用于"惯性制导＋其他制导"的复合制导方式。惯性制导可以与电视、卫星、地形匹配、景象匹配、毫米波、微波、红外和激光构成复合制导。

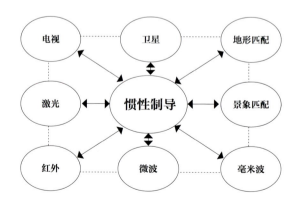

"惯性制导＋×× 制导"的复合制导方式示意图

1.8 卫星制导——天眼定位 精确导航

提到卫星制导，就不得不介绍卫星导航，而对于卫星导航，大家最熟悉的就是 GPS 了。我们生活中常常要用到 GPS 定位产品，如车载 GPS、智能手机导航等，大家都非常熟悉。1957 年，苏联发射第一颗人造卫星，美国研发子午仪系统，拉开了卫星导航的序幕。典型的卫星导航系统包括美国的全球定位系统（GPS）、俄罗斯的全球卫星导航系统（GLONASS）、欧盟的伽利略卫星导航系统和中国的北斗卫星导航系统。

常见的 GPS 定位产品

GPS 包括三大部分：第一部分是太空组成部分，也就是卫星星座；第二部分是地面控制组成部分，也就是地面监控系统；第三部分是用户接收机组成部分，也就是 GPS 接收机。右图是 GPS 星座图。GPS 的空间星座由 21 颗工作卫星和 3 颗备用卫星组成。这 24 颗卫星平均分布在 6 个轨道面上，

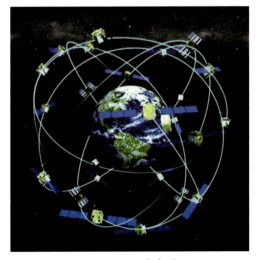

GPS 星座图

每个轨道面都均匀分布 4 颗卫星。GPS 卫星轨道面高度约为 20200km，运行周期为 11 小时 58 分钟。

GLONASS 的空间星座由 21 颗工作卫星和 3 颗备用卫星组成，分布在 3 个轨道面上，每个轨道面都有 8 颗卫星，轨道高度约为 19000km，运行周期为 11 小时 15 分钟。

伽利略卫星导航系统的空间星座由 30 颗卫星组成，分布在 3 个倾斜轨道面上，轨道高度为 23616km，每个轨道面上都等间隔部署了 9 颗工作卫星和 1 颗备用卫星。

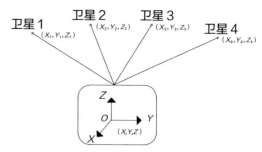

$$[(X_1-X)^2+(Y_1-Y)^2+(Z_1-Z)^2]^{1/2}+C(V_{t_1}-V_{t_0})=d_1$$
$$[(X_2-X)^2+(Y_2-Y)^2+(Z_2-Z)^2]^{1/2}+C(V_{t_2}-V_{t_0})=d_2$$
$$[(X_3-X)^2+(Y_3-Y)^2+(Z_3-Z)^2]^{1/2}+C(V_{t_3}-V_{t_0})=d_3$$
$$[(X_4-X)^2+(Y_4-Y)^2+(Z_4-Z)^2]^{1/2}+C(V_{t_4}-V_{t_0})=d_4$$

GPS 定位原理图

中国的北斗卫星导航系统开通运行

值得一提的是，我国的北斗三号全球卫星导航系统已于 2020 年 7 月 31 日正式开通。北斗卫星导航系统的空间星座由 35 颗卫星组成，包括 5 颗静止轨道卫星和 30 颗非静止轨道卫星。卫星制导技术已应用于我国的导航和制导领域。

卫星制导是当代许多精确制导武器的主要制导方式之一。

美国的导弹很早就使用了 GPS 制导，并应用于巡航导弹、精确制导弹药等精确制导武器。例如，BGM-109C "战斧" 巡航导弹，已用 GPS 接收机代替了原有的地形匹配系统，其典型性能改善为：采用空间定位精度为 30m 的地形匹配系统，巡航导弹可实现 9m 的命中精度；采用空间定位精度为 10m 左右的 GPS，可以使导弹的命中精度提高到 3m。

卫星制导具有制导精度高、可全天候工作、导航星座全球覆盖等优点，但相对容易受到干扰，因此各军事强国在提高导航定位精度的同时，也在加强对卫星制导抗干扰技术的研究。另外，卫星制导常常与惯性制导等组合，形成复合制导，以充分发挥不同制导方式各自的优势，引导导弹精确飞向攻击目标。

1.9 复合制导——优势互补 同舟共济

在海湾战争中，创造了"百里穿洞"奇迹的"斯拉姆"空地导弹（AGM-84E）采用的制导方式为"惯性 +GPS+ 主动寻的"复合制导。

"惯性 +GPS"组合制导技术发挥了不同制导方式各自的优点，即可以利用 GPS 的长期稳定性与适中精度，来弥补惯性制导的误差随时间延长而增大的缺点；利用惯性制导的短期高精度，来弥补 GPS 接收机受干扰时误差增大或遮挡时丢失信号等缺点。因此，整个组合制导系统结构简单、可靠性高，具有很高的效费比。

采用复合制导的低成本精确制导弹药

复合制导还可应用于低成本的精确制导弹药。例如，1999 年 3 月 24 日晚，两架 B-2A 轰炸机各携带 16 颗 908kg 的 JDAM 炸弹（采用"惯性 +GPS"组合制导），从美国本土的怀特曼空军基地出发，经过 15h 飞行和空中加油后，到达南联盟预定空域，在 12200m 高空同时投放了共 32 颗 JDAM 炸弹，准确命中预定的各种目标。

在复合制导系统中，不同传感器有串联、并联、串并联等组合方式。采用单一制导方式，可能出现制导精度低、作用距离近、抗干扰能力弱、目标识别能力差或不能适应所有飞行阶段要求等，而采用复合制导，可以发挥各种制导方式的优势，取长补短、互相搭配，从而解决上述问题。当然，不同制导方式的组合因导弹类别、作战要求和攻击目标等的不同而不同。

采用"自主＋主动寻的"制导的"海鹰"反舰导弹

采用主／被动寻的复合制导的"马斯基特"反舰导弹

采用"自主＋指令＋TVM"制导的"爱国者"－2导弹

本章介绍的各种制导方式各有优缺点。例如，惯性制导可自主控制，适用于远射程、长时间的飞行，但导引精度受惯性器件的影响较大，时间越长，累积误差越大；指令制导的弹载设备简单，但距离越远，导引精度越差。寻的制导，距离越近，导引精度越高，适宜打击活动目标，但主动寻的制导作用距离有限，系统复杂、成本高；半主动寻的制导还需要地面或机载平台的照射，且制导多枚导弹困难；被动寻的制导则取决于目标是否辐射电磁信号。下表列出了一些基本制导方式的技术、战术性能。

制导方式		制导精度	全天候能力	多目标能力	系统要求	弹上设备复杂性	成本
遥控制导	目视有线制导	优	差	—	光学瞄准	很简单	低
	雷达指令制导	与距离有关	优	有	制导雷达	简单	一般
	雷达驾束制导	与距离有关	优	有	制导雷达	简单	一般
寻的制导	微波主动寻的制导	良	优	有	—	复杂	高
	微波半主动寻的制导	良	优	—	照射雷达	一般	一般
	微波被动寻的制导	良	优	—	侦察接收机	复杂	高
	毫米波主动寻的制导	优	良	有	—	复杂	高
	毫米波半主动寻的制导	优	良	—	照射雷达	一般	一般
	毫米波被动辐射计制导	优	良	有	—	一般	一般
	红外非成像寻的制导	良	差	有	—	一般	一般
	红外成像寻的制导	优	中	有	—	复杂	高
	可见光电视寻的制导	优	差	有	—	一般	低
	激光半主动寻的制导	优	较差	有	激光照射器	一般	一般
导航制导	匹配制导	中	良	有	提供参考图	复杂	高
	惯性制导	与距离有关	优	—	—	简单	一般
	卫星制导	优	优	有	导航卫星	简单	低

　　从系统的观点看，导弹飞行的各个阶段有不同的特点，若要实现最优控制，就需要采用不止一种制导方式，以提高导引精度和摧毁概率。但从工程实现和可靠性的观点看，不宜采用太多的制导方式。因此，全面衡量，通常采用两三种制导方式组合的复合制导。

2 讲精确制导武器对抗

2.1 江湖险恶——现代战场环境日趋复杂

精确制导武器好比身怀绝技的"武林大侠",战场环境就是行侠仗义、扬名立万的"江湖"。现代战场环境的复杂险恶,比起武侠江湖有过之而无不及。

（1）精确制导武器面临的战场环境

战场环境是指在一定的战场空间内,对作战有影响的电磁活动、自然现象和战场目标(作战对象)的总和,主要包括电磁环境、气象环境、地理环境和战场目标环境等多种类型。战场环境的主要特点如下。

🐚 构成上：类型众多

战场环境主要由电磁环境、气象环境、地理环境和多目标环境等构成。虽然不同类型战场环境的产生原因各不相同,但都在不同程度上对精确制导武器产生影响,进而影响整体作战。

🐚 空间上：充满战场

各种气象、地理环境是战争发生的客观背景,各类目标根据战争需要部署在战场中任何可能的地方,各类电磁信号则如同空气一样充斥于整个战场,影响着精确制导武器效能的发挥。

🔔 时间上：变幻多端

在不同的作战时间，气象、地理条件可能因为各种原因发生变化，交战双方因作战目的不同，所产生的电磁信号数量、种类、密集程度，以及战场各类目标部署也将随时间而变化，其变化的方式难以预测。

🔔 样式上：类型繁杂

交战双方从反侦察、反干扰、抗摧毁角度出发，越来越多地使用各种新体制雷达及通信、光电设备等，采用更为复杂的信号样式；双方所面对的作战对象不仅是多目标的，还有低空突防目标、隐身目标、高速大机动目标、假目标等。

（2）精确制导武器需在战场环境中接受检验

面临复杂战场环境，有些精确制导武器并不神通广大、弹无虚发。由于不能准确地获取战场信息，不能正确有效地做出决策，因而不能准确攻击目标。例如：

🔔 应变不力　徒有虚名

美军的精确制导武器当属江湖中的"顶尖高手"，然而，有些武器的实战表现"名不符实"。例如，美军事后透露，在海湾战争中投放的精确制导武器，受电磁干扰、敌方伪装，以及云层、战场烟雾、灰尘、地形等自然条件的影响，命中率不到 50%。

坦克部队释放烟幕遮蔽作战行动

🗿 使用不当　六亲不认

在战场上，精确制导武器一旦使用不当，打起自己人来也"毫不手软"。在 1991 年的海湾战争中，美军因误炸而阵亡的人数达 35 人，占美军阵亡总人数的 24%。在伊拉克战争中，伊军制造大量假目标，利用天时、地利，实施电子干扰和烟幕迷惑，致使美军多枚导弹落到了伊朗、沙特阿拉伯、土耳其等国家。在科索沃战争、阿富汗战争中，也多次出现美军误伤友军，以及炸死、炸伤平民的事件。

2.2 风云变幻——复杂自然环境对精确制导武器的影响

战争发生在一定的时间和空间，讲究天时、地利。复杂自然环境对精确制导武器的使用有较大影响。

（1）地理环境对精确制导武器的影响

🏮 海拔

海拔增加后，可能超出巡航导弹和空地导弹可使用的最大高度，因此无法实现全空域使用。另外，高海拔还带来低气压，对弹体受力和部分弹上器件的工作环境造成影响。

🏮 地（海）杂波

拦截低空、慢速的小目标时，精确制导武器发射的电磁波除照射到目标外，还照射到地（海）面。地（海）面反射产生的强杂波干扰，容易"淹没"目标的信号，导致目标丢失；而且，杂波在很多情况下与目标不易区分，会使武器错失真正的"猎物"。

在地面上空飞行的巡航导弹

🏮 地形景象

对采用"惯性＋地形/景象匹配"制导的导弹，当飞行末段区域的地形/景象特征不显著时，匹配效率将受到严重影响，甚至导致制导失败。

采用景象匹配制导的巡航导弹受到地形影响

🔔 多径效应

地（海）面等背景会产生多路径效应，目标反射的信号一部分直接到达接收机，另一部分经过地（海）面反射后到达接收机，形成镜像假目标（如同镜子中的影子），从而有可能导致"看走眼"。

🔔 岛岸背景

由于岛岸、礁石、岛岸上的建筑物等均会对电磁波形成较强的反射，因此驻泊和靠岸舰船目标的电磁回波会混在岛岸背景中，导致雷达导引头很难从密集的电磁回波中辨别出目标。

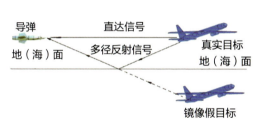

多径效应形成镜像假目标示意图

停泊在珍珠港内的若干舰船

（2）气象环境对精确制导武器的影响

🔔 风

强风，尤其是强侧风会使精确制导武器难以稳定飞行，从而制导精度降低。特别是风标式激光制导炸弹，风的干扰会使其制导误差明显增大。

🔔 云

云层内含有大量水汽，会吸收和散射部分可见光、红外线和微波的传输能量，使可见光/红外导引头接收到的信号变弱，探测距离缩短，甚至在某些情形下，制导武器会因云层遮挡而"失明"。

🔔 雨

与云相似，雨会衰减可见光、红外线和微波的传输能量，使可见光、红外导引头接收到的信号变弱，探测距离缩短。同时，雨会反射电磁波而产生虚假目标，对雷达制导武器形成一定干扰。

🔔 雪

雪会改变地形、地貌，使景象匹配制导武器不能获取匹配区或目标区的景物特征。当雪层太厚时，制导武器很难探测和识别大雪覆盖下的目标。

雪地背景下的装甲目标

🔔 沙尘暴

伊拉克战争期间的沙暴天气，使联军的攻击行动陷于停顿，飞机的攻击架次明显减少，并直接影响了精确制导武器的使用。

恶劣的沙尘暴天气

雷电

雷电会产生超高压电流，对制导武器上的电气设备产生影响，甚至将其毁坏。

阳光

对光学制导导引头而言，当阳光没有大量进入其视场时，仅仅是一些太阳杂散光，就能干扰导引头对目标的检测、识别和跟踪；而当阳光直射进入导引头视场时，导弹只能"看到"白茫茫的一片，目标完全被阳光淹没。

在雷电中飞行的巡航导弹（效果图）

2.3 群狼凶猛——作战对象给精确制导武器带来的挑战

复杂多目标环境（作战对象）是精确制导武器面临的一个突出难题。群狼凶猛，对象多样，精确制导武器面临巨大挑战。

（1）编队目标与密集真假目标群的挑战

多目标主要包括两种情况：一种是确实存在多个真实目标，如敌方对我方实施饱和攻击——同时有大量目标向我方袭来，又如近距离格斗的交战双方；另一种是真假目标"鱼目混珠"，比如，弹道导弹突防时，释放与弹头外形、电磁特性相近的诱饵。区分敌我目标和辨别真假目标，对当今精确制导武器提出了更高要求。

"沙漠风暴"行动中的多目标环境　　　多种充气式军用假目标极具欺骗性

在 1991 年的海湾战争中，伊军依靠采取伪装措施与技术对付美军的精确制导武器，得以保存了 1/3 的部队。伊军在地下工事上面修建水池、放牧羊群，在机场跑道上用涂料画假弹坑，制作和设立了许多假飞机、假坦克、假火炮和假导弹及发射架，把机动的导弹发射架伪装成油罐车或冷藏车。

（2）隐形目标的挑战

现代无线电技术和雷达探测系统的迅猛发展，极大地提高了远距离目标的搜索和跟踪能力，隐形技术作为提高武器系统生存、突防，尤其是纵深打击能力的有效手段，已经成为陆、海、空、天、电磁"五维一体"的现代战场中最重要、最有效的突防手段。隐形技术（又称目标特征信号控制技术）是通过控制武器系统的信号特征，使其难以被发现、识别和跟踪的技术。根据探测系统的物理原理，隐形技术主要包括雷达隐形、红外隐形、声隐形和视频隐形等。其中，雷达隐形主要通过外形设计和涂敷吸波材料等技术实现；红外隐形主要通过降低发动机尾焰温度等技术实现。

1989年，美军入侵巴拿马时首次使用隐形飞机。在海湾战争中，美军的隐形飞机作为空袭急先锋，率先进入巴格达防空区。在整个战争中，40余架"夜鹰"F-117A隐形战斗机累计执行作战任务1270架次，仅占作战飞机出动总架次的2.7%，却完成了预定任务的40%，战损为零。

"夜鹰"F-117隐形战斗机

B-2隐形轰炸机

"科曼奇"隐形武装直升机

"维斯比"级隐形护卫舰

（3）低空／超低空突防目标的挑战

一般来说，航空兵器在空中距地（水）面 100~1000m 的高度飞行，称为低空飞行；距地（水）面低于 100m 的高度飞行，称为超低空飞行。自从有地面雷达装置以来，航空兵器便通过低空／超低空飞行躲进雷达盲区，以避开监视跟踪，实现对预定目标的突防攻击。

（4）高速大机动目标的挑战

随着航空发动机技术的发展和日益完善，飞行器具备了高速大机动能力。所谓大机动，是指运动物体在瞬时速度或方向上的很大改变。无人机由于不受人体过载极限的限制，其机动能力远胜于有人驾驶的飞行器。跟踪和拦截高速大机动目标成为防空精确制导武器的难题。

执行低空／超低空飞行任务的战机

高速大机动中的战机

2.4 别样战场——复杂电磁环境对精确制导武器的影响

现代信息化战争在开战之前，交战双方就在情报搜集、电子侦察/反侦察等电磁领域展开了较量。这种隐形的别样战场，给精确制导武器带来新的挑战。

（1）对抗特征突出的复杂电磁环境

复杂电磁环境是指在一定的时空和频段范围内，多种电磁信号密集、拥挤、交叠，强度动态变化，对抗特征突出，对电子信息系统、信息化装备和信息化作战产生显著影响的电磁环境。

EC-130 电子侦察机

在海湾战争开战前，以美国为首的多国部队为探测伊拉克电子设备的工作频率和信号特征，调集了大量的电子侦察设备，其中有 TR-A 高空战术侦察机，EC-130、135 电子侦察机和"黑鹰"EH-60 电子侦察直升机，还有 5 颗电子侦察卫星及 39 个地面无线电监听站。在战争中，伊军雷达只要开机发射信号，就会被跟踪、摧毁，而不开机又无法引导各种防空武器，因此防空通信系统基本瘫痪。

（2）形成复杂电磁环境的因素

🔎 民用电子系统遍布全世界

卫星、广播电视、民用移动通信、航空等 40 多种无线电业务使无线电信号覆盖了全世界各个角落。

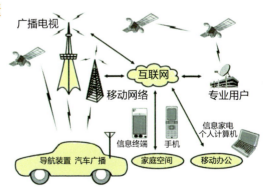

民用电子系统示意图

军用电子系统遍布军事领域

在现代信息化战争中，情报侦察、预警探测、通信、指挥控制、导航定位和武器制导等系统，几乎覆盖了电磁频谱的各个频段，如俄罗斯一个摩步师有 60 部雷达和 2040 部电台。

（3）电磁环境对精确制导武器的影响：盲、乱、错、偏

复杂电磁环境对精确制导武器的影响已渗透到其作战使用的全过程，影响精确制导武器系统的每个环节，成为左右现代信息化战争进程的主要因素之一。

各种军用电子系统的应用　　机载拖曳式诱饵诱骗来袭导弹示意图

对抗性电磁环境对精确制导武器的影响

目前，先进的电子对抗装备可以干扰的频率范围为 20MHz~40GHz（1MHz=10^{6}Hz），基本覆盖了主要的通信和雷达工作频段，干扰功率高，作战距离长。电子对抗干扰的常用样式包括有源的压制干扰、欺骗式干扰和无源的遮蔽式干扰等。

1966年6月29日，美国空军第355联队的16架"雷公"F-105战斗机在EB-66电子战飞机的导航下，从泰国起飞，长途奔袭，扑向越南河内油库进行轰炸。尽管越军的高射炮和导弹的火力很猛，但因雷达受到干扰，炮弹和导弹的命中率很低，结果美军以一架飞机的代价，摧毁了河内油库90%的设施。

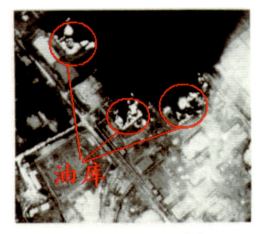

被炸的河内油库浓烟滚滚

非对抗电磁环境对精确制导武器的影响

战场上，敌我双方各类军用、民用装备高密度分布，高强度使用，大量同频装备涌入有限作战空间，增加了同频装备间自扰、互扰的可能性；在武器系统内部，大量电子元器件也在接收、发射电信号，会引起电磁兼容问题。

2.5 布阵斗法——利用战场环境对抗敌方精确制导武器

复杂战场环境可谓一把双刃剑，一方面，可以充分利用战场环境，给敌方使用的精确制导武器设置障碍；另一方面，可以通过消除战场环境带来的不利影响，将己方精确制导武器的作战效能最大化。

布阵斗法，出奇制胜。利用战场环境，针对敌方弱点，用"迷、骗、扰、拦"等招数，可对抗敌方精确制导武器的攻击。

"迷"招——在越南战争中，越军在河内安富发电厂周围上空施放了大量烟幕，导致美军投放的数十枚精确制导炸弹，无一命中电厂关键部位。在海湾战争中，伊军点燃油井，造成一些目标区浓烟滚滚，致使多国部队发射的红外制导导弹的命中率大大降低。在作战或实战演训中，可利用当地复杂的气象和地理环境，对敌方精确制导武器进行有效迷惑与干扰，从而降低其使用频率和攻击精度，提高被攻击目标的生存能力。

军事演习中利用烟幕作掩护挺进

"骗"招——在海湾战争中，伊军将大量重型武器装备分散隐蔽在深山密林、民用设施周围，同时制作了大量假导弹和假发射装置，安放于野外阵地，有效地对付了多国部队先进的侦察系统和精确制导武器，大大提高了"飞毛腿"导弹等武器的生存能力。战场上，真真假假，以假乱真，利用各种有源或无源假目标可对敌方的精确制导武器进行欺骗，将其引向假目标，从而保护真目标。

战机施放红外诱饵弹进行欺骗

"扰"招——在海湾战争中，美军"爱国者"导弹曾多次受到复杂电磁环境的干扰，在没有伊军导弹袭击的情况下盲目发射拦截导弹。作战时，利用复杂电磁环境，在可见光、红外线、微波、毫米波和激光等频段，干扰敌方精确制导武器的探测装置，可使其难以有效发现并跟踪目标，导致攻击的准确率下降，攻击威力减小。

舰船释放箔条干扰　　　　　　　　舰船发射干扰弹

"拦"招——在第四次中东战争中，埃及空军用"图"-16轰炸机先后发射25枚苏制"鲑鱼"空地导弹，其中20枚被以军飞机和地面防空火力击落。在战场上，对敌方已发射的精确制导武器，可采用导弹、飞机或近程防御武器，以及动能拦截弹、激光武器、高功率微波武器等多种手段进行拦截、摧毁，以保护被攻击目标。

"图"-16轰炸机　　　　　　　"图"-16轰炸机挂载"鲑鱼"
　　　　　　　　　　　　　　空地导弹示意图

2.6 先发制人——受复杂电磁环境影响的战例

（1）复杂电磁环境典型战例

战例1：贝卡谷地6分钟，叙利亚防空导弹阵地毁于一旦

1982年6月9日，以军派出96架F-15、F-16战斗机进行掩护，在E-2C预警机的指挥下，用F-4、A-4飞机对叙利亚设在贝卡谷地的导弹基地实施大规模轰炸。

在第五次中东战争初期，以军为了夺取制空权，决定对贝卡谷地的导弹基地进行袭击，以消灭其防空力量。贝卡谷地部署有"萨姆"-6防空导弹，这种导弹在第四次中东战争击落了一大批以军飞机。以军对"萨姆"-6导弹进行分析研究，终于找到了对策。

在轰炸过程中，以军利用"萨姆"-6导弹抗干扰性能差的特点，对贝卡谷地区域实施了强电子干扰，以欺骗干扰叙军的雷达制导导弹，并以红外曳光弹干扰叙军的红外制导导弹。尽管叙利亚空军从全国各地紧急出动60余架"米格"-21和"米格"-23战斗机，防空导弹向敌机密布的上空一起发射，但在以军强大的电子干扰下，叙军的飞机起飞后就与地面失联，防空导弹发射后便失去控制。仅仅6min，叙军的先进防空导弹阵地毁于一旦，20个"萨姆"-2、"萨姆"-3、"萨姆"-6防空导弹营中的19个被摧毁。

预警机内部结构示意图

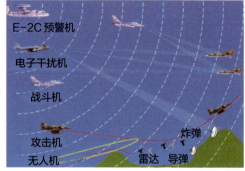

"贝卡谷地"电子战示意图

战例 2：电子干扰掩护，摧毁越南杜梅大桥

1972 年 5 月 10 日，越南防空预警雷达发出警报，河内陷入紧张气氛。8 时，8 架"鬼怪"F-4 战斗机率先上阵；27min 后，16 架挂有新式激光制导炸弹和电视制导炸弹的"鬼怪"F-4 战斗机起飞，15 架从泰国起飞的"雷公"F-105 战斗机也赶到了。按照事先研究的战术，战斗机朝杜梅大桥方向扑去。8 架"鬼怪"F-4 战斗机进入预定空域后，从高空投下箔条，形成一条"干扰走廊"。

"鬼怪"F-4 战斗机

"雷公"F-105 战斗机

10min 后，4 架 EB-66 电子干扰机在大桥上空盘旋，发射强烈电磁干扰，致使越南防空部队的警戒雷达、炮瞄雷达、导弹制导雷达的显示屏上雪花一片，什么也看不到。号称"摧不垮的大桥"的杜梅大桥就这样被美军十几枚制导炸弹炸毁了，而越军盲目发射的数十枚导弹竟没有一枚命中美军战斗机。

（2）剖析原因

在战场上，敌方释放的高强度压制干扰、逼真的虚假目标的欺骗干扰、箔条"干扰走廊"的遮蔽干扰，以及电磁兼容问题带来的自扰、互扰等，可形成复杂电磁环境，导致精确制导武器无法正常工作。

（3）启示与思考

现代战争大多以强大的电子战拉开序幕，以先发制人。电子战武器在侦察、干扰、隐形及摧毁等各方面大显神通，成为重要的"软杀伤"武器。

🔔 有源压制干扰的频带越来越宽，基本覆盖了雷达的工作频率范围。

🔔 欺骗式干扰的样式越来越复杂，真假目标难以区分。

🔔 无源的遮蔽式干扰使雷达的探测能力大幅度下降。

🔔 作战区域内同频装备间的自扰、互扰影响加大。

🔔 单一的制导方式较难适应当今复杂的电磁环境。

2.7 真假难辨——受复杂地理环境影响的战例

（1）典型战例

战例1：目标造假，欺骗地形/景象匹配制导武器

采用地形/景象匹配制导的导弹，当飞行末段区域的地形特征和景象特征不显著时，匹配效果会受到严重影响，甚至导致末制导失败，无法实施有效攻击。美军"战斧"巡航导弹的制导方式就包含地形/景象匹配制导。在海湾战争中，伊军为抵御美军"战斧"巡航导弹的攻击，在未遭破坏的机场跑道上涂画假弹坑。伊军还构筑假阵地，包括一些假的"萨姆"地空导弹和"蚕"式地空导弹，并在假目标旁焚烧轮胎，制造热效应。

伊军在假目标旁焚烧轮
胎，制造热效应

伊拉克首都巴格达卫星照片
（焚烧的石油产生大量黑烟）

在伊拉克战争中，伊军焚烧大量石油，产生黑烟，以阻止入侵者。这些对地形、地貌的改变措施，消耗了美军的大量弹药，大大延长了空袭时间，并保存了伊军相当一部分军事实力。从这个战例中，可以借鉴对付精确制导武器的方法。

战例2：地杂波干扰，防空导弹打靶训练丢失目标

在防空导弹实弹打靶训练中，由于拦截的是低空慢速小目标，防空导弹导引头发射的电磁波除照射到目标外，还照射到地面，较强的地杂波干扰会进入导引头接收机，从而淹没了目标信号，导致导引头丢失目标，错误地跟踪了杂波，未能击中靶弹。

"石鸡"BQM-74靶弹

（2）剖析原因

地理环境会影响匹配制导，布置假目标会骗过一些光学传感器，同时地（水）面反射产生的强杂波干扰会影响雷达制导武器对目标的检测、识别与跟踪，严重时会导致目标丢失，使精确制导武器无法发挥作用。

（3）启示与思考

在技术体制方面，地理环境会对精确制导系统发现、跟踪、识别目标产生很大的影响，而世界各地的地形、地貌各不相同，这就需要在平时加强收集各类地理环境资料，建立数据库，为精确制导武器的使用做好技术准备。同时，要进一步提高精确制导系统在抗杂波干扰和识别伪装方面的能力，从而扩大精确制导武器的使用范围。

在战术应用方面，每种制导方式都有其优势与劣势，要加强对各种制导方式及其应用特点的学习和研究，面对复杂地理环境时，科学合理地应用精确制导武器，实现优势互补。另外，一些传统的手段，如隐蔽、伪装、机动、疏散等在对抗精确制导武器时也能发挥巨大的作用。

2.8 天公添乱——受复杂气象环境影响的战例

（1）典型战例

战例 1：利用阳光对红外制导的影响，实现反转

在亚锡拉湾空战中，美军"大黄蜂"F-18 战斗机飞行员根据利（利比亚）军战斗机只有苏制红外制导导弹的特点，在已被尾追的状态下，向着太阳飞行，从而躲避了利军战斗机红外制导导弹的攻击，并实施机动摆脱，最终发射雷达制导空空导弹将利军战斗机击落，实现反转。

战例 2：云雾与沙尘暴，制约激光制导武器的使用

在科索沃战争中，美军在 70% 的作战时间里，50% 的地区被云雾覆盖，因而激光制导武器的使用大大受限，使用比例仅占所有制导武器的 4.3%。在阿富汗战争中，由于阿富汗境内频起沙尘暴且经常天气不好，因此大大影响了美军精确制导武器的使用。

"大黄蜂"F-18 战斗机

战例 3：光学精确制导武器"娇气"的一面

采用红外制导的"陶"式反坦克导弹在良好天气条件下的命中率为 81%，而在不良天气条件下只有 40%。激光制导炸弹遇上沙尘天气时，作用距离只有晴朗天气时的 1/12，命中率也降至 20%~30%。海湾战争期间，由于

阿富汗境内的沙尘暴

迷失在沙尘暴中的美军士兵

天气原因，一些可见光制导导弹和激光制导炸弹无法使用。在科索沃战场上，北约战机常因遭遇阴云密布、风雨交加而无法捕获目标，只得无功而返。

"陶"式反坦克导弹

（2）剖析原因

光学制导武器使用时依赖阳光，需要根据目标和背景对阳光反射的光能对比度来探测、识别目标，天气晴朗、能见度好时，作用距离就长，否则就短。而且，强烈的阳光一旦进入光学视场，就会形成强大的干扰，使红外导引头无法工作，哪怕只是相对微弱的杂散光进入视场也会产生噪声，严重影响此类精确制导武器的性能。烟雾、云、雨、粒子等介质会吸收和散射可见光、红外光和电磁波，遮挡其传输，衰减其能量，使得精确制导武器很难探测到目标。

（3）启示与思考

在技术体制方面，有些精确制导武器的全天候作战能力不足，易受烟雾、水雾，尤其是阴雨、云、雾等不良天候的影响，因此要研究不同的制导方式，并采取多种复合制导方式，以提高制导系统的全天候作战能力。

在战术应用方面，一要充分了解我方精确制导武器的技术参数和使用特点，严格遵守操作守则。例如，光学制导武器在作战使用时，应避免逆阳光发射，如果一定要在这种条件下执行作战任务，则应采用与雷达复合制导的武器。二要了解敌方武器装备的性能特点，利用其弱点或缺陷，如背着阳光攻击，使敌方的光学制导导弹因逆阳光而无法正常发射。

2.9 鱼目混珠——战场目标打击战例剖析

（1）典型战例

战例1：没那么神，假目标竟然也被列为空袭战果

1999年，北约对南联盟进行了长达78天的狂轰滥炸，声称进行了有史以来最成功的空袭。时任美国参联会主席谢尔顿上将说："北约空军一共摧毁了南联盟的120辆坦克、220辆装甲运兵车和超过450门火炮。"但1年后，美国《新闻周刊》获得美国空军的绝密军事评估报告，揭开了"战果"的真相：北约对南联盟的空袭，实际上远没有公开吹嘘得那么神，绝大多数炸弹炸在了荒郊野地，或者炸中了成百上千辆平民轿车、卡车或假目标，极少数打中了南联盟军事目标。

南联盟军队为了保护一座北约重点轰炸的桥梁，在该桥上游300m处搭了一座塑料假桥，结果北约战机多次轰炸了那座假桥，而真桥至今安然无恙。南联盟军队还把长长的黑木头插在破旧卡车的两个轮子之间，结果引来北约战机的轮番攻击。有2/3的"萨姆"-9导弹发射器居然是用金属线扎的。令人难以置信的是，北约飞行员声称轰炸期间一共摧毁了744个目标，但战后调查发现，确有证据证明被击中的目标仅有58个！这一切都归功于南联盟军队的战术伪装。

地面假目标

战例 2：欺骗民众，竟然这样"提高"反导拦截能力

自 1976 年美国开展研制新型反导拦截器以来，前 8 次试验都以失败告终。其中一个主要技术难点就是反导系统无法有效对付假弹头。据《纽约时报》报道，为了"提高"拦截成功率，弹道导弹防御局在随后的 3 次试验中，假弹头数从原先的 9 个减到了 1 个，以提高探测系统"成功"区分真伪目标的可能性。

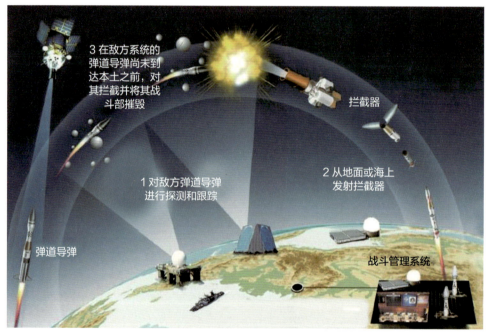

3 在敌方系统的弹道导弹尚未到达本土之前，对其拦截并将其战斗部摧毁

拦截器

1 对敌方弹道导弹进行探测和跟踪

2 从地面或海上发射拦截器

弹道导弹

战斗管理系统

反导拦截试验示意图

（2）剖析原因

精确制导武器虽然在不断"进化"，但其"智商"仍有待提高，识别真假目标的能力有待增强。充斥于战场环境的大量假目标，极大影响了精确制导武器的命中率。对于几乎以相同速度飞行的真假目标，探测器只对反射截面积大、回波能量强的目标进行跟踪。

（3）启示与思考

在技术体制方面，隐形技术、发动机技术等大量应用于武器装备，用于配合假目标的伪装欺骗，使精确制导武器所面对的"敌人"越来越隐蔽、越来越狡猾。这就需要提高精确制导武器的"智力"水平，使其能够在复杂的目标环境中快速捕获目标、鉴别真伪、选择重点目标，以实施精确打击。

在战术应用方面，一方面要加强对作战对象各种特性的收集和研究，深入了解敌方目标的特性，以提高使用精确制导武器的针对性；另一方面要加强敌情分析，配合各类战术战法，选择最佳攻击时机和策略，以提高精确制导武器的效费比。

3 防空反导导弹面面观

3.1 横空出世——改写高炮防空的历史

地（舰）空导弹是指由陆地或舰船发射，用于拦截空中来袭目标的导弹。地（舰）空导弹在欧美国家被统称为面对空导弹，在俄罗斯等俄语国家被称为高射导弹，也可统称为防空导弹。

在第二次世界大战后期，喷气式飞机的研制处于收尾阶段，再加上英、美等国对德国大中城市持续轰炸，德国深感高炮防空已不能适应作战需要，于是紧急开发"瀑布"单级液体防空导弹、"莱茵女儿"防空导弹等，成为世界上最早研制防空导弹的国家。但是，当时德国的战败已成定局，该导弹的研制计划不得不于 1945 年 2 月终止，最终也没能装备部队。其研究成果成为美、苏等国后来研制防空导弹的基础。

"莱茵女儿"防空导弹

防空导弹的横空出世，引起了世界各国的高度重视。目前，防空导弹已经发展成种类繁多的"大家族"，据不完全统计，世界各国已研制出的型号共计 130 多种，现役型号有近百种，在研型号有 20 余种。防空导弹作战区域也从空中发展到了包含太空和超低空在内的全域空间。

防空导弹武器系统是防空导弹及与防空导弹有直接功能关系的地（舰）设备的总称。在不引起混淆的情况下，常把防空导弹武器系统简称为防空导弹。

防空导弹武器系统大致可以划分为以下三大"门派"。

🔔 **防空导弹**：作战使命以反空气动力目标（各类战机、无人机、精确制导武器等）为主。

🔔 **反导导弹**：作战使命以反弹道导弹为主。

🔔 **防天导弹**：作战使命以反空间目标（军用卫星、空天飞行器）为主。

"爱国者"防空导弹系统

值得一提的是，第一次在实战中使用防空导弹击落飞机的战例发生在我国。1959 年 10 月 7 日，国庆节刚刚过去一周，解放军驻浙江的某雷达站发现，有不明身份的台湾方向高空飞行器窜入大陆领空，并直飞北京！我军指战员沉着应战，冷静分析，判断这是 RB-57D 高空侦察机。以往，我军只能眼睁睁地看着它大摇大摆地窥探军事秘密，但这次它就没那么好运了，因为我军在 1958 年就装备了"萨

"萨姆"-2 防空导弹

姆"-2 防空导弹。随着发射命令的下达，一枚导弹果断出击，准确命中目标，将敌机击落。

解放军导弹部队击落窜入大陆腹地进行侦察活动的 RB-57D 高空侦察机，成为世界防空史上第一次用地空导弹击落高空侦察飞机的战例。世界军事史中的对空作战从此真正进入了导弹与飞机对抗的时代。

1962 年 9 月 9 日，解放军用地空导弹首次击落敌军的 U-2 高空侦察机，此后又击落多架，累计达到 5 架，其中也有"红旗"-2 防空导弹的战功，最终迫使敌军停止了对我国的高空侦察活动。中国人民革命军事博物馆陈列了被解放军击落的 U-2 高空侦察机的残骸。

"红旗"-2 防空导弹

U-2 高空侦察机

3.2 分门别类——看防空导弹如何分类

空中威胁的扩大与加剧是防空导弹发展的动力。防空导弹主要按照防空任务、保卫目标、制导方式进行分类。

（1）按照防空任务，可分为国土防空导弹、海上防空导弹、野战防空导弹

🔔 国土防空导弹

国土防空导弹用于保卫国土范围内的区域或要地，是装备数量最多，但型号种类最少的一类防空导弹。

"爱国者"-2 防空导弹

"萨姆"-5 防空导弹

🔔 海上防空导弹

海上防空导弹用于保卫海上舰队或单个舰船，通常称为舰空导弹。其基本要求与国土防空导弹类似，但要求导弹及其相关设备便于在舰船上安装，并能在舰船运动的条件下完成发射。

"标准"-3 舰空导弹

🎖 野战防空导弹

野战防空导弹用于保卫野战部队，要求具有很强的地面机动能力和快速反应能力，特别是用于随行掩护的防空导弹，必须与摩托化行军部队同步行进，可在发现目标后于几秒内发射。

"铠甲"野战防空导弹

（2）按照保卫目标，可分区域防空导弹、要地防空导弹、随行掩护防空导弹

🎖 区域防空导弹

区域防空导弹一般是指具有较大射程，用于保卫一个区域的主战型防空导弹。区域防空包括国土区域防空和舰队区域防空，也包括野战防空中的战区区域防空和前沿区域防空。

"爱国者"-3 区域防空导弹

🎖 要地防空导弹

要地防空导弹一般是中/近程防空导弹。要地防空包括国土防空中的独立要地防空，区域防空内的要地防空，海上舰队防空范围内的单个舰船防空，野战部队集中点（面）的防空，行军中对桥梁、渡口的防空等。

🎖 随行掩护防空导弹

随行掩护防空导弹是指与机械化部队同步行军的防空导弹，主要用于装备陆军，也用于装备海军陆战队和空军的空降兵部队。现代随行掩护防空导弹一般是一辆战车即为一个火力单元，按不同射程组成一个序列，属于近程防空导弹。

美国辅助低空武器系统

"道尔"导弹武器系统

（3）按照制导方式，可分为指令制导防空导弹、寻的制导防空导弹

👝 指令制导防空导弹

指令制导防空导弹全程由地面制导站发送制导指令。其弹上设备比寻的制导导弹相对简单些。指令制导又可分为一般指令制导和"惯性＋无线电指令＋半主动雷达"制导两种。

👝 寻的制导防空导弹

寻的制导防空导弹由弹上导引头自行测定目标相对于导弹的运动参数，并在弹上形成控制指令，称为寻的制导防空导弹或自寻的导弹。其优点是制导精度高，且制导精度不受射程改变的影响。

采用指令制导的"红旗"-2 防空导弹

3.3 七步绝杀——了解防空导弹有何本领

防空导弹家族成员"个头"的区别很大,小至单兵便携式导弹,如"毒刺"导弹、"针"-S导弹;大到由数辆或数十辆车载设备构成,如"爱国者"导弹、S-400导弹。防空导弹武器系统用于拦截空中目标,必须具有以下几大功能:预警侦察、搜索指示、目标识别、目标跟踪、导弹发射、制导控制和杀伤目标等,可称为"七步绝杀"。

S-300防空导弹武器系统

(1)预警侦察

防空导弹武器系统对距离300km以外的来袭目标,一般提前30min发出预警信息。现代预警侦察系统主要包括陆基、海基、空基和天基四大类。陆基预警侦察系统由各种电子侦察站组成。海基预警侦察系统由各种舰载雷达系统、声呐系统、水声侦察仪等组成。在低空范围内,电子侦察机、无人侦察机等组成战术侦察系统;在高空范围内,战略侦察机、空中预警机组成战略侦察系统。太空中有各种类型的卫星侦察系统。

俄罗斯的"万能级"米波预警雷达　　　　E-2T 预警机

"全球鹰"无人侦察机　　　S-300 防空导弹的全高度搜索雷达

（2）搜索指示

拦截空中目标的前提是搜索并发现目标，然后进行拦截指挥协调。虽然不同类型的防空导弹任务不同，但是"搜索指示"这一作战功能是相同的。

（3）目标识别

拦截空中目标，首先要分清敌我、识别目标类型。在中东战争中，叙利亚军队因为没分清空中的敌我目标，一天内击落己方飞机 10 架，闹了乌龙。

（4）目标跟踪

根据导弹制导方式的不同，对目标的跟踪可由地面设备或弹上导引头来完成，实现的手段通常是雷达或光电跟踪器。

（5）导弹发射

在稳定跟踪目标并获得发射导弹所必需的目标数据后，即可进行发射，使导弹从战备状态转变为起动和飞行状态。导弹发射方式分为倾斜发射和垂直发射两种。

防空导弹武器系统

（6）制导控制

根据目标信息，并按预定的导引规律把导弹导向目标的过程称为导弹制导。对导弹实施制导控制是防空导弹拦截目标最关键的环节。

（7）杀伤目标

杀伤目标由弹上引信和战斗部系统实现。在导弹按导引规律所

S-300 防空导弹垂直发射

确定的弹道接近目标时，引信开始工作，当其察觉到目标存在时即适时引爆战斗部来杀伤目标，完成对来袭目标的拦截。

防空导弹武器系统还包括具有供电、空调和行驶等功能的辅助设备，以及用于维修、检测作战设备的支援装备，以完成全流程拦截任务。

3.4 五脏六腑——剖析武器系统的组成

防空导弹武器系统的组成，就像人的"五脏六腑"。一套防空导弹武器系统主要由导弹、制导设备、发射系统和指挥控制系统四部分组成。

（1）导弹

导弹由弹体、动力装置、弹上制导设备和战斗部组成，不同导弹的具体组成各不相同。

🔔 弹体由壳体和空气动力面组成，是安装、连接和保护防空导弹内部装置和设备的结构体。它具有良好的气动外形和足够的刚度、强度及稳定性，以承受导弹在运载、操作和飞行中的内、外载荷。

🔔 动力装置又称推进系统，是为防空导弹提供动力源的装置，用于保障导弹必要的飞行速度和射程。防空导弹多采用固体推进剂发动机，有的也采用液体推进剂发动机、冲压发动机或固体推进剂冲压组合发动机。

🔔 弹上制导设备由制导装置和控制装置组成，是导引和控制防空导弹沿选定的导引规律所确定的弹道飞向目标的设备。

🔔 战斗部是用于直接杀伤目标的部件。防空导弹战斗部多为杀伤战斗部。杀伤战斗部可分为无控破片杀伤战斗部、可控破片杀伤战斗部、连续杆杀伤战斗部和聚能杀伤战斗部等。

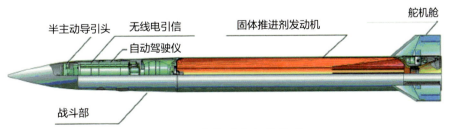

S-300 防空导弹内部结构图

（2）制导设备

制导设备主要包括跟踪制导雷达、光电跟踪设备（微光电视、红外跟踪仪、激光测距仪等）、高速数字计算机与显示装置等。采用无线电指令制导时，制导设备大部分安装在地面雷达上；采用寻的制导时，制导设备全部安装在弹上。单兵便携式防空导弹的制导设备比较简单，制导几乎全部由弹上设备完成。

米波雷达具有反隐形优势

（3）发射系统

发射系统用于支撑、贮存、准备和发射防空导弹的装置和设备。发射系统按地面机动方式、导轨类型、导向装置的数量划分。

🏅 按地面机动方式，发射系统分为固定式、半固定式和机动式。固定式发射系统主要用于进行要地防空的远程防空导弹；半固定式发射系统在发射阵地展开后，运输装置通常与主体分开；机动式发射系统有自行式、牵引式、车载式和便携式。

🏅 按导轨类型，发射系统分为敞开式和封闭式。其中，封闭式发射系统有筒式和箱式。筒（箱）又称发射容器，有运输箱、贮存箱、发射箱三种功能。有的导弹的发射设备同时也是导弹的贮存、运输装置，如"爱国者"防空导弹、C-300防空导弹等。

按导向装置的数量，发射系统分为单发装和多联装。

S-400 导弹发射车

S-500 防空导弹

（4）指挥控制系统

指挥控制系统是综合运用以计算机为核心的各种技术设备，获取、收集、传输、处理作战信息，协调装备战斗运用，保障部队指挥和武器控制的人机系统，主要由指挥控制计算机、探测跟踪设备、通信设备、显示控制与记录设备及空情接口组成。

现代防空导弹指挥控制系统由战术级指挥控制系统与火力分队的指挥控制系统（武器系统中的指挥控制系统）构成。两者相互配套、相互交联，虽然担负的任务不同，但组成和功能大体相同。

3.5 精度担当——明了制导系统所起作用

负责导弹武器命中精度的是制导系统。导引头与控制防空导弹沿预定的制导规律所确定的弹道飞向目标的装置和设备，构成防空导弹制导系统。

（1）按照制导方式，分为遥控制导系统、寻的制导系统和复合制导系统

遥控制导系统

遥控制导系统由地面制导设备（又称制导站）和弹上制导设备两部分组成。其工程实现容易，是最早采用的制导方式，多用于中／近程防空导弹。其缺点是制导精度随遭遇斜距的增大而下降；采用无线电指令制导时，容易被敌方发现而遭受电子干扰和反雷达导弹（反辐射导弹）的攻击。

采用无线电指令制导的"萨姆"-2
防空导弹

遥控制导系统功能图

寻的制导系统

寻的制导系统是指测量装置（导引头）和形成制导指令的计算装置均安装在弹上的制导系统。其制导精度较高，但作用距离有限，多用于中／近程防空导弹制导和中／远程防空导弹的末制导。其中，主动、被动寻的制导系统可实现"发射后不管"。

"铁穹"防空系统

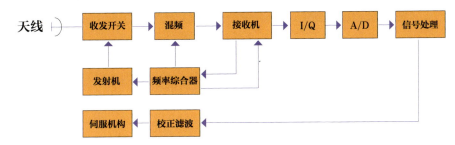

微波主动式导引头工作原理框图

复合制导系统

复合制导系统是指在不同制导段或同一制导段中采用两种以上不同制导方式的制导系统。其制导精度高，不受距离远近的影响，抗干扰能力强，但是设备多、结构复杂、价格高，多用于高命中率的中／远程防空反导导弹。

（2）由探测设备、解算装置、指令传输设备、自动驾驶仪组成

🔹 探测设备：又称传感器，通过无线电、红外光、激光及光电结合的定位仪，如地面的制导雷达和弹上的导引头等，连续测量目标与导弹的坐标或相对运动参数，为解算装置提供初始制导信息。

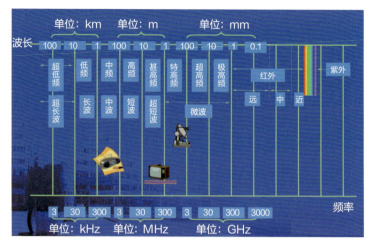
电磁波频谱示意图

"毒刺"单兵便携式防空导弹

🐾 解算装置：对初始制导信息按照选定的导引规律进行处理、解算，由地面制导站的制导计算机（无线电指令制导）或弹上的弹载计算机（寻的、自主或波束制导）形成修正导弹航向的制导指令。

🐾 指令传输设备：包括地面指令发射设备和弹上指令接收设备。在寻的和波束制导系统中，制导指令在弹上形成，直接传送给自动驾驶仪。

🐾 自动驾驶仪：用于将制导指令与导弹自身感受的弹体状态信息进行综合放大，形成控制信号驱动舵机工作，控制和稳定导弹飞行。自动驾驶仪由导弹状态敏感元件、综合装置、放大变换器（也将后两者合称为综合放大器）和执行机构（舵机）等组成。

3.6 致命软肋——电磁干扰的战例分析

防空导弹武器系统组成复杂，技术保障环节较多，容易受到电磁干扰，从而使得作战效能严重下降，甚至完全丧失作战能力。

（1）典型战例

战例 1：1982 年 6 月 9 日 14 时，以（以色列）军在正式向贝卡谷地发起空袭前，先派出数架无人侦察机作为诱饵，飞临贝卡谷地上空。叙（叙利亚）军"萨姆"-6 防空导弹的跟踪雷达立即开机跟踪，随即发射数枚"萨姆"-6 导弹将以军多架无人机击落。不过，叙军很快发现，这些无人机是用塑胶制作的。觉察中计后，叙军指挥官立即命令雷达关机，但为时已晚，导弹阵地目标已经暴露。以色列空军的"鬼怪"F-4 和"鹰"F-15A 战斗机携带制导炸弹和"百舌鸟"反辐射导弹，将叙军 19 个防空导弹营炸为一堆废铁。

战例 2：在 1999 年 3 月至 6 月的科索沃战争中，考虑到南联盟军队装备有一定数量先进的第三代防空导弹，并具有多频段的电子对抗措施，在开战前，北约军队在波利冈的电子战靶场进行了有针对性的电子战演练。

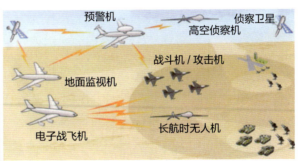

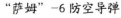

"萨姆"-6 防空导弹　　　　　　北约军队电子战演习示意图

开战后，在 78 天的空袭与反空袭的作战中，北约军队共出动战机 36000 架次，其中攻击达 10000 架次，南联盟防空导弹武器系统共发射 800 多枚地空导弹，但仅击落 2 架北约军队的飞机。北约军队的电子战飞机伴随突防飞机对南联盟的预警雷达和火控雷达实施"致盲"干扰，对南联盟的指挥通信系统实施"致聋"干扰，掩护了轰炸机编队的空中突防。

"萨姆"-6防空导弹雷达

战机释放干扰弹

（2）战例的启示

🔔 做好战前规划，对作战过程进行有效态势管控，确保各种雷达有序工作，避免己方雷达过早暴露或无谓暴露。防空导弹雷达向外辐射电磁信号，被敌方侦测后，敌方会释放噪声干扰信号，由于干扰信号强度远大于目标反射信号，雷达检测目标的能力将受到严重影响，从而造成目标丢失或无法发现目标。

🔔 随着干扰技术的发展，干扰机的带宽越来越大，几乎可以覆盖所有雷达的频率范围，所有技术体制都必然面临复杂战争环境的干扰。因此，干扰与抗干扰措施要同步推进、同时实施。

🔔 包括防空导弹在内的任何武器装备的作战，都要最大化地争取信息支持，充分利用雷达、红外、复合等制导系统的传感器，以实现复杂战场环境中的稳定探测能力，充分发挥武器装备的最佳作战效能。

3.7 升级换代——防空导弹的发展历程

20世纪40年代初，德国在大力发展V-2弹道导弹的同时，开始研制"龙胆草"和"蝴蝶"亚声速防空导弹，以及"莱茵女儿"和"瀑布"超声速防空导弹，但均未投入使用。第二次世界大战结束后，美、苏等国在德国的研制基础上研制出第一代防空导弹。到目前为止，防空导弹已发展了四代，正处于探索第五代的阶段。

"莱茵女儿"防空导弹

"奈基（胜利女神）"远程防空导弹

"萨姆"-2防空导弹

"红旗"-2防空导弹

第一代：20世纪50年代研制并装备，主要是针对当时的高空轰炸机和侦察机设计的，多属于中高空中远程导弹，作战距离一般为50~100km，作战高度约为30km。第一代防空导弹大多采用无线电指令制导和液体或固体推进剂发动机，地面设备庞大，机动性能差，抗干扰能力差，使用维护复杂，多数型号已退役。

第二代：20世纪50年代中后期至70年代初，针对第一代防空导弹低空性能差的弱点，空袭作战飞机在提高性能的同时，普遍采用低空/超低空突防和电子对抗作战模式。第二代防空导弹与第一代共同形成全空域火力配系。这一时期是防空导弹发展的兴盛期，除美、苏、英三国外，法、德、意、瑞典等国相继加入研制行列，共研制了40多种型号，大多数目前仍在服役，并经历了多次改型。

"响尾蛇"防空导弹

"霍克"导弹

"爱国者"-2地空导弹雷达车

S-300地空导弹系统垂直发射车

第三代：从20世纪70年代中期开始，干扰机动、饱和攻击、低可探测性目标和战术导弹成为战场上的主要威胁，针对这些变化而研制的第三代防空导弹，着力提高抗干扰能力、抗饱和攻击能力、对付多目标和低可探测性目标能力，提高了武器系统的自动化程度，更多选用复合制导方式，制导雷达普遍采用相控阵雷达体制和多目标通道技术。

第四代：20 世纪 80 年代中期至 90 年代，隐形飞机、战术弹道导弹、巡航导弹和各类精确制导弹药进入空袭兵器序列，"空地一体化"和"大纵深立体战"作战理论改变了空袭作战模式，大纵深、立体化攻击，防区外攻击及饱和攻击战术得到广泛使用。针对这些威胁，第四代防空导弹展开研制，于 21 世纪初陆续装备军队，各国更加重视发展反弹道导弹能力。

"爱国者"-3 地空导弹发射车

"爱国者"-3 地空导弹雷达

现代空中威胁进一步升级，防空导弹作战方式正从单一兵器作战向体系化发展，从超低空到临近空间，多层拦截的对空防御体系正在形成。

3.8 威胁推高——反导武器的前世今生

1944年9月8日，德国首次使用新式武器V-2导弹向英国伦敦发起攻击。V-2是弹道导弹的始祖，也成为弹道导弹防御技术研究的触发源。1957年8月21日，首枚洲际弹道导弹SS-6在苏联诞生。在以后相当长的一段时间里，弹道导弹攻防对抗成为美苏争霸的重要战略手段。

V-2导弹

反导武器是指用于拦截来袭弹道导弹（或弹头）的武器系统。其发展历程分为以下四个阶段。

（1）第一阶段1955—1976年：以核反导

美国与苏联均研制装备了多个系列战略弹道导弹，同时大力发展弹道导弹防御技术。限于当时的技术水平，反导武器以核反导方式使用。核反导的方式会带来核污染等负面影响，重点用于保护陆基部署的报复打击力量。美国"奈基"X系统有两种拦截导弹，均使用核弹头。其中，"斯普林特"导弹的拦截高度为大气层内的30~50km，"斯帕坦"导弹的拦截高度为大气层外的100~160km。

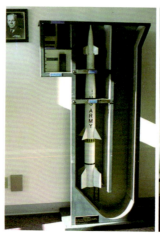

"斯普林特"导弹

"斯帕坦"导弹

（2）第二阶段 1983—1993 年：星球大战计划

这是美苏争霸最激烈的时期。时任美国总统的里根推出"星球大战"计划（战略防御倡议），简称 SDI，能够对大规模弹道导弹攻击实施"天衣无缝"的全面防御（预设来袭弹道导弹的弹头数量为上万个），目标是以"相互确保生存"的防御系统取代"相互确保摧毁"的核威慑力量。该计划虽未能实现，但为美国后续反导技术发展奠定了基础。

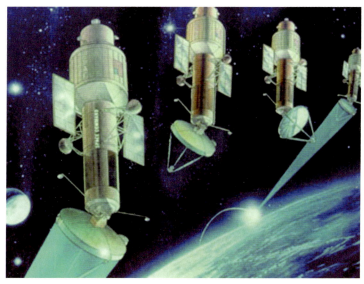

美国"星球大战"计划中的天基武器概念图

（3）第三阶段 1993—2001 年：重点发展战区导弹防御系统

在此阶段，苏联解体，对美国已不存在大规模核威慑，而战术弹道导弹（TBM）成为现实威胁。1993 年，克林顿民主党政府执政后，将发展战区导弹防御（TMD）系统作为第一重点，将发展陆基国家导弹防御（NMD）系统降格为一项"技术准备"计划。美国在这一阶段重点发展战区动能反导系统，保护海外部队与盟友，同时储备国家导弹防御技术，防御有限弹道导弹对本土构成的威胁；"爱国者"末段反导系统开始进入实战部署；动能毁伤的有效性逐渐得到验证与认可。

美军助推段机载激光武器（ABL）

（4）第四阶段2001年至今：全面发展一体化防御系统

为谋取战略上的绝对优势，美国时任总统布什在2001年12月13日正式宣布退出1972年美国与苏联签订的《反导条约》。此后，美国以技术援助、装备出口、联合研发等方式团结盟国，谋求构建其新的全球利益反导保护伞。弹道导弹防御系统（BMDS）的目的在于保卫美国本土、美军与其盟国，能防御所有射程的弹道导弹，能在导弹的所有飞行阶段进行拦截。BMDS包括末段低层防御、末段高层防御、中段防御、助推段防御，按部署位置分为陆基防御系统、海基防御系统、天基防御系统等。

美军陆基中段拦截导弹（GMD）

美国导弹防御系统作战过程示意图

3.9 空天博弈——展望防空反导新趋势

2022年3月18日，在俄乌冲突期间，俄军首次使用"匕首"高超声速导弹，摧毁了位于伊万诺－弗兰科夫斯克州的一处乌军地下大型导弹和航空弹药库。俄军专家称，这是"人类历史上首次在实战中使用高超声速武器"。

"匕首"高超声速导弹

空天防御的高度不断被刷新，临近空间飞行器、新一代战机和无人机集群等的出现，及其伴随的隐形、诱饵、电磁干扰、多弹头、机动变轨、智能突防等技术的运用，使未来的防空反导演变成防空、反导、防天一体化的空天防御体系作战。

（1）美国

美国空军一架被列为"最高机密"的X-37B空天飞机，于2010年在佛罗里达州首次升空试飞，其研发时间超过10

X-37B空天飞机

年。有专家评估，它的飞行马赫数为6~8，现在的雷达探测技术很难将其拦截；它既可在外太空巡航，又能进入大气层执行攻击任务，将助力美国建成一个"24小时全球打击圈"，可以在单一行动中摧毁敌方卫星和来袭导弹，并在战区上空进行侦察。

HTV-2 无人机属于美国"即时全球打击系统"项目。据美国国防部高级研究计划局的说法，该项目的最终目的是让美军具备"一小时打击全球任意地点"的能力，即利用洲际弹道导弹、超高速巡航载具等运送精确制导常规弹头，从发起攻击至攻击结束所用时间不超过 1h。

2022 年 4 月，第一架 HTV-2 无人机飞行 9min 后便消失在太平洋上空；同年 8 月，第二架 HTV-2 无人机起飞约 10min 后，沿轨道进入滑翔阶段，约 26min 后失联。总体来看，HTV-2 无人机的试飞并不顺利，其后期发展仍需观察。

（2）俄罗斯

S-500（"普罗米修斯"）防空导弹，于 2015 年进行了飞行试验。S-500 防空导弹系统被认为是世界上首个防空、防天、反导一体化的综合武器系统，由战术指控系统、防空反

S-500 防空导弹发射车

导作战单元和防空反导作战单元组成。它把远程反飞机、反导弹、反卫星的三套系统合为一套，按照作战经济性原则配置了三型导弹，其中一型完成远程防空、非战略反导、反高超声速目标等任务，一型担负战略反导任务，还有一型负责反低轨道卫星任务。

（3）欧洲

TWISTER（天基战区监视实时预警拦截）项目由法国牵头，芬兰、意大利、荷兰和西班牙等国共同参与开发了一种多用途拦截器。该武器系统包

含天基红外预警和陆基反导拦截，用于拦截各种导弹目标，包括中程弹道导弹、超声速巡航导弹及下一代战斗机等。

空天攻防博弈，将改变现代战争的作战规则和制胜机理，极大地推动了新作战样式的出现。一体化、分布式、自适应及攻防兼备已成为现代防空反导的必然要求。

4 飞航导弹实战备忘录

4.1 魔高一丈——细说"百舌鸟"的荣与辱

飞航导弹采用火箭发动机或吸气式发动机作为动力装置，依靠弹体（包括弹翼等）产生的空气动力及发动机的推力，主要在大气层内沿着机动可变的弹道飞行。习惯上把飞航导弹分为反舰导弹、巡航导弹、反辐射导弹、空地导弹等。其中，反辐射导弹又称反雷达导弹，主要用于防空压制作战，是制电磁权争夺战中重要的硬杀伤武器。

（1）越南战争场景回放

1955 年 11 月 1 日至 1975 年 4 月 30 日的越南战争，长达近 20 年。战争期间，美越双方开展的电子对抗较量可谓"道高一尺，魔高一丈"。1965 年 3 月 2 日，美军在空袭中使用"百舌鸟"反辐射导弹摧毁越军地面防空雷达，使越军雷达在几周内遭受空前损失。不过，越军很快找到了应对"百舌鸟"导弹的办法。3月 16 日，当"百舌鸟"导弹又一次攻击时，越军雷达操作手

"百舌鸟"反辐射导弹

迅速关闭雷达，雷达天线顿时再无电磁波辐射，当时已是离弦之箭的"百舌鸟"导弹因此突然失去电磁波的引导，像无头苍蝇一样偏离目标，漫无目的地飞行，最后自爆。

针对越军的"关机"战术，美军给"百舌鸟"导弹加装了记忆电路，于是即使越军突然关闭雷达，记忆电路也仍然能控制导弹按原航向飞行。1966年6月，越军再次使出关闭雷达的"看家本领"，却发现这招不再灵验，"百舌鸟"导弹在记忆电路的制导下，准确击毁目标。在那次战役中，美军摧毁了90%的攻击目标。

1967年4月20日，越军采用了应对"百舌鸟"导弹的新招数：将两部制式一样的制导雷达同时开机，使二者发出的电磁波发生干涉，于是在两部雷达辐射区的中间区域，信号得到加强，致使"百舌鸟"导弹的命中点大多位于两部雷达之间，而无法命中雷达目标。

（2）实战启示与思考

"百舌鸟"反辐射导弹于1964年装备美军，并很快在越南参战，是当时一种神秘的新式武器。不为人知的新式武器常常在战场上发挥奇效。因此，科技创新在军事领域十分重要。

越军虽然遭受了"百舌鸟"导弹的沉重打击，但也很快找到了有针对性的对抗措施——关闭雷达。这对于采用被动雷达制导的反辐射导弹来说，是被戳中了软肋。由此可见，奏效的对抗措施未必复杂。

针对越军的"关机"战术，美军仅用一年时间就成功改进了"百舌鸟"导弹，为其加装了可抵抗关机的记忆电路。对抗双方在实战中检验装备，在斗争中发展技术。

4.2 反制有招——干扰"冥河"舰舰导弹

第二次世界大战结束后，反舰导弹的出现，给大型作战舰船带来严重威胁，许多国家相继实现了海军装备导弹化。反舰导弹形成了独自的装备体系，彻底改变了以舰炮为主的海战模式。

反舰导弹包括舰舰导弹、潜舰导弹、空舰导弹和岸舰导弹，主要采用主动雷达制导，面临的干扰有箔条干扰、舷外干扰、距离欺骗、噪声调频、海杂波等。其中，箔条干扰成本低、效果好，至今仍是重要的雷达对抗手段，给反舰导弹带来十分严重的困扰。

"冥河"反舰导弹

箔条干扰对反舰导弹形成严重干扰

（1）中东战争场景回放

在第三次中东战争中，埃及军舰向以色列军舰船发射了 6 枚苏制"冥河"舰舰导弹，全部击中。这是海战史上首次使用舰舰导弹。"冥河"SS-N-2A舰舰导弹是苏联彩虹机械设计局设计的一种近程亚声速反舰导弹，采用雷达末制导。然而，"冥河"导弹也不总有好运。6 年后，在 1973 年的第四次中东战争中，埃军共发射了 50 枚"冥河"导弹，竟无一命中目标。

原来，以军施放了大量箔条干扰和强烈的有源电子干扰，使"冥河"导弹的雷达导引头丢失舰船目标，像被人打瞎了双眼，一个个毫无目标地栽进了大海。以军采用舰载干扰措施，破灭了"冥河"导弹百发百中的神话。

（2）实战启示与思考

成也萧何，败也萧何。"冥河"导弹虽然在第三次中东战争取得了百发百中的战绩，但该导弹导引头捕捉小艇目标的能力较差，抗干扰能力差，埃军对此没有足够重视，因而没有及时改进导弹装备，导致在第四次中东战争中遭遇"滑铁卢"。

导弹一旦投入使用，其重要参数就已透明，敌方就有可能研制出针对性强的干扰措施。因此，导弹的制导方式应当多样化，工作频率和信号形式应可变，抗干扰措施也需要不断改进更新。尤其是在现代信息化战争中，战场环境更为复杂，干扰与抗干扰需同时强化。

4.3 事半功倍——力克巨舰的"飞鱼"

反舰导弹按射程可分为近程反舰导弹、中程反舰导弹和远程反舰导弹。法国的"飞鱼"MM38 是西方国家最早服役的反舰导弹,成功地将尺寸小、质量轻、可掠海飞行和全天候攻击等诸多优点集于一身。

"飞鱼"MM39 导弹具有 27 种搜索方式,并采用优先程序识别技术,使导弹具备了更强的选择捕捉目标的能力;MM40 导弹可采用折线航路飞行和搜索目标的方式规避干扰,其改进型能根据海情状况自动选择最低掠海飞行高度,大大提高了导弹的突防能力。

"飞鱼"MM 40 Block2 反舰导弹

(1)马尔维纳斯群岛战争场景回放

马尔维纳斯群岛战争是第二次世界大战结束后规模最大的一次海上战争,发生在 1982 年 4 月。阿根廷军的"超级军旗"飞机成功避开英国舰雷达的监视,根据 P2-V 侦察机测定的英军"谢菲尔德"号军舰的精确位置,以超低空进入并发射一枚"飞鱼"导弹,将价值 2 亿美元的"谢菲尔德"号军舰葬入海底。

取得这个惊人战绩,除阿军采取了有效战术外,还有一个重要原因,那就是当时"谢菲尔德"号军舰正与英国本土通信,因舰载警戒雷达与其通信频率冲突,"飞鱼"来袭之前,雷达被迫处于关机状态,因而没能发出预警,当英军以肉眼发现来袭导弹时已经无力回天，"谢菲尔德"号军舰噩运难逃。此外，"谢菲尔德"号军舰军舰上的UAA-1电子战支援系统没有对"飞鱼"导弹上的雷达末制导导引头信号进行告警，也是"飞鱼"导弹准确命中目标的一个重要原因。

"超级军旗"飞机及其挂载的　　　　　　"谢菲尔德"号军舰被击沉
　　　　"飞鱼"导弹

（2）实战启示与思考

🔔 "飞鱼"导弹良好的技术性能，为阿军实现战术意图提供了前提条件。而趁着"老虎打瞌睡"的间隙，也就是"谢菲尔德"号舰载警戒雷达与其通信频率冲突，雷达被迫关机之际，通过良好的战术配合，将作战武器的效能发挥得淋漓尽致，成为高效费比的典型战例。

🔔 复杂战场环境是一把双刃剑，一方面，它能限制敌方防御系统的使用；另一方面，它也给己方导弹的突防造成了许多不利的影响。因此，要把握战争主动权，就必须擅长将不利因素化为有利因素。

4.4 软硬兼施——看"哈姆"首战"萨姆"

高速是反辐射导弹提高生存能力的重要手段之一。美军的"哈姆"高速反辐射导弹弥补了早期型号反雷达能力较差的不足。"哈姆"导弹采用宽带被动雷达导引头，主要装备于海/空军战斗机、攻击机和轰炸机。它在几次实战中都表现出较好的作战性能，1枚"哈姆"导弹相当于9枚"百舌鸟"导弹和5枚"标准"反辐射导弹。

发射中的"哈姆"导弹

（1）草原烈火行动场景回放

1986年，美国精心策划了一场旨在"生理消灭"利比亚领导人卡扎菲，空军和海军航空兵联合的空袭行动，代号为"草原烈火"。它是现代战争史上第一次"外科手术"式的精确打击。

1986年3月23日，美军空袭利比亚西德拉湾，在这场战役中，"哈姆"高速反辐射导弹与"萨姆"导弹进行了首次对抗。"萨姆"-5是苏联研制的高空、远程防空导弹系统，名称为"维加"，代号为C-200，作战目标是SR-71高空侦察机、高空远程的支援式干扰机、预警指挥机及空地导弹载机，在其发射空地导弹前进行拦截。"萨姆"-5导弹发射前需要靠地面雷达系统提供打击目标，因此导弹配备了地面雷达站。

利军在湾口布置了3个"萨姆"-5导弹基地，形成了交叉火力网。不过，美军的电子战飞机成功地对"萨姆"-5导弹实施了电子干扰，使发射的数枚"萨姆"-5导弹均未能击中美军战斗机，而是偏离攻击方向，掉进了地中海。同时，美军向导弹阵地发射了"哈姆"空地反辐射导弹，准确地击中了地面雷达站，使"萨姆"-5导弹再也没有还手之力。

（2）实战启示与思考

🔔 "草原烈火"行动中的"哈姆"首战"萨姆"，是典型的电子战战例。美军利用电子战飞机和反辐射导弹实现了侦察与干扰、软杀伤与硬毁伤的有机结合。

🔔 没有抗干扰措施的武器装备，在现代化战争中就没有生存能力，只能被动挨打。可见，加强飞航导弹武器系统抗干扰技术的研究是何等重要。

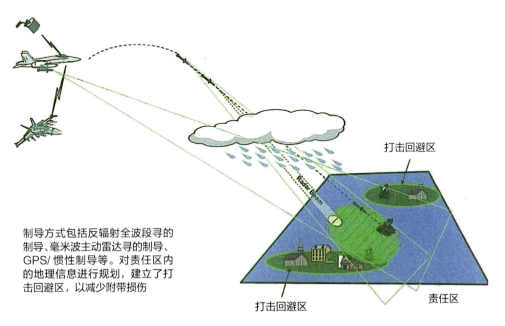

制导方式包括反辐射全波段寻的制导、毫米波主动雷达寻的制导、GPS/惯性制导等。对责任区内的地理信息进行规划，建立了打击回避区，以减少附带损伤

打击回避区

打击回避区

责任区

新一代 AGM-88E 反辐射导弹的制导方式示意图

4.5 避开战术——飞越死亡线的"捕鲸叉"

反舰导弹有风格迥异的两个派别：欧美派和苏俄派，这归因于冷战对抗中双方海军力量的对比。欧美西方国家在第二次世界大战结束后，仍拥有以航空母舰为首的庞大海军舰队，不认为反舰导弹会对其构成重大威胁。而苏联海军实力较弱，认为最大的威胁可能来自海上。"冥河"导弹在第三次中东战争中的首次实战应用，震惊了西方国家。他们纷纷重新开始发展反舰导弹。美国于 1970 年开始研制"捕鲸叉"反舰导弹。

"捕鲸叉"反舰导弹

（1）利比亚战争场景回放

1986 年，卡扎菲宣布北纬 32°30′为"死亡线"，声称美国军舰和飞机胆敢越过这一界限，就会遭到利比亚的反击。美国借机对利比亚实施打击。3 月 24 日，2 架 A-6E 攻击机从"萨拉托加"号航空母舰上起飞，向一艘利比亚的巡逻艇发射了 2 枚"捕鲸叉"反舰导弹。舰载型"捕鲸叉"反舰导弹的射程为 100km，具有垂直跃升／俯冲攻击和掠海水平攻击能力。"捕鲸叉"反舰导弹紧贴海面，以迅雷不及掩耳之势飞向目标，在利比亚的法制"战士"-1 号导弹巡逻艇右舷爆炸。

反舰导弹的发射

　　"捕鲸叉"反舰导弹飞越"死亡线",直击导弹巡逻艇,让利比亚十分震惊。其实,利比亚的"战士"-1号导弹巡逻艇曾试图接近美国舰队,但利比亚的反舰导弹射程仅是"捕鲸叉"反舰导弹射程的一半,因此在巡逻艇还没接近美舰时,就被"捕鲸叉"反舰导弹击沉了。美军的武器是针对敌方的武器性能发展的,其对射程的要求是"我的武器能打到你,而你的武器够不着我",这就是美军的所谓"避开战术"原则。结果在这场战斗中,利比亚有3艘导弹巡逻艇被击沉,另有1艘受到重创。

（2）实战启示与思考

　　🎖️军事需求推动高性能武器装备的研制,拥有先进武器有利于掌握战争的主动权。"捕鲸叉"反舰导弹经过多次改进升级后,性能达到世界领先水平。再看与之对垒的利比亚的武器装备,射程较近,因而有心无力,只能被动挨打。

　　🎖️未来的战场环境将更加复杂,特别是随着舰载激光器等防御武器的发展,提高反舰导弹的抗干扰能力和突防能力显得十分重要。反舰导弹将朝着信息化、智能化、通用型和多用途方向发展。

4.6 拍案惊奇——百里穿洞的"斯拉姆"

空地导弹是从飞机上发射，用于攻击地面目标的飞航导弹，是航空兵进行空中突击的主要武器之一。"斯拉姆"（SLAM）空地导弹是美国海军在"捕鲸叉"反舰导弹的基础上改型发展的一种防区外发射导弹。其射程为100km，比炸弹更有效，比常规"战斧"导弹更经济，射程大于"幼畜"导弹（小于常规"战斧"导弹），主要用于从防区外高精度打击离海岸不远的陆地目标，必要时也可用来打击水面舰船。

"斯拉姆"空地导弹

（1）海湾战争场景回放

在1991年的海湾战争中，美国海军的一架A-6E重型攻击机和一架A-7E轻型攻击机，悄悄地从位于红海的"肯尼迪"号航空母舰上起飞，执行轰炸伊拉克的某水力发电站的任务。A-6E攻击机在距该水力发电站100km时，发射了一枚"斯拉姆"空地导弹。

当时，"斯拉姆"导弹还处于研制期，尚未最后定型，发射后由一架A-7E攻击机对其进行间接制导，也就是导弹导引头的红外成像寻的系统搜索、捕获目标，将探测到的目标区红外图像信息通过数据传输装置发送给跟踪引导的A-7E攻击机上的飞行员，再由飞行员根据实时红外图像选定目标要害部位，并通过遥控引导导弹导引头锁定目标。这枚导弹准确命中了水力发电站的动力大楼。

2min 后，A-6E 攻击机又发射一枚"斯拉姆"空地导弹，仍由 A-7E 攻击机负责间接制导。这枚导弹从第一枚导弹造成的空洞中钻过，击毁了水力发电站的内部发电机设备，而未对水坝造成破坏。

伊拉克的某水力发电站

（2）实战启示与思考

🔔 "斯拉姆"导弹的"百里穿洞"令人惊叹，上演了现代版的"百步穿杨"，是精确制导与精确打击的经典战例，可以极大地减少附带毁伤。

🔔 美军将还在研制中的武器投入实战，目的是在实战中检验新武器的作战效能，以便后期对一些技术缺陷进行改进。

🔔 飞航导弹在命中精度、成本、多平台机动发射等诸多方面具有优势，已成为对高价值战略、战区目标执行"外科手术式"精确打击的进攻性利器。

4.7 因时施策——午夜出没的"幼畜"

红外成像制导技术利用弹上红外成像导引头，依据目标背景等效温差等参数形成的红外图像，识别、捕获、跟踪目标，导引导弹命中目标。红外成像制导是一种被动寻的制导技术，具有精度高、可昼夜工作的特点，与电视制导相比，其穿透自然烟雾的能力更强。

F-16D 战斗机携带"幼畜"AGM-65 空地导弹

（1）海湾战争场景回放

在 1991 年的海湾战争中，美国共部署了 136 架"雷电"A-10 攻击机，发射了 5296 枚"幼畜"空地导弹。"幼畜"导弹又名"小牛"导弹，导弹的头部安装了三种导引头：电视导引头、激光导引头和红外成像导引头。其中，用得最多的是红外成像导引头，它特别善于在夜间攻击目标。

"幼畜（小牛）"空地导弹

在海湾战争中的中东地区，广阔的沙漠中到处是伊军隐藏在沙丘中的坦克和火炮，它们的周围垒起沙袋或用沙堤围住，只露出炮塔。但是，在红外成像导引头的"眼"里，车辆与其周围的沙土存在温差，在荧光屏上呈现为白色或黑色。正是在这种"千里眼"的引导下，"幼畜"导弹一发射，十有八九会击中目标。美军的第355战术战斗机中队（编制"雷电"A-10攻击机24架）在一次夜间行动中，一次就击中了24辆伊军坦克。

海湾战争战场上的坦克"坟场"

（2）实战启示与思考

🔔 因地制宜，因时施策，根据具体作战环境选择合适的制导方式，对打赢战争至关重要。美军采用红外成像制导的"幼畜"导弹，不仅适于夜间行动，而且能够"看到"伊军隐藏在沙丘中的武器装备，为成功实施目标攻击提供了保障。

🔔 干扰与抗干扰应同步进行。在加强导弹武器研制的同时，也要注意加强干扰对抗措施的研究。试想，伊军如果在隐藏武器的同时，对采用红外成像制导的"幼畜"导弹施加干扰，受到的损失就会大大减少。

4.8 利器卷刃——陷于被动的"战斧"

巡航导弹的作战环境，除了电磁环境的人为干预，还有自然环境的干扰。比如，采用了地形/景象匹配制导的"战斧"巡航导弹，将导弹飞行路线下方的典型地貌/地形特征图像与弹上存储的基准图像做比较，按误差信号修正弹道，向目标飞行。

但是，由于它在大气层内飞行，大气层中的雨、雪、雾、台风、沙尘暴等气象因素，春夏秋冬的气候因素，以及地面上的高山、海洋、丘陵、平原等地理因素，都会对匹配制导产生影响，从而缩短导弹的作用距离和降低命中精度，削弱打击效果。

（1）科索沃战争场景回放

1999 年的科索沃战争以大规模的空袭为作战方式，以美国为首的北约凭借其占空中绝对优势和拥有高技术武器，对南联盟的军事目标和基础设施进行了连续 78 天的轰炸。

"战斧"巡航导弹

"战斧"巡航导弹性能优越，指标先进，可多平台发射，兼有战略、核战术双重作战能力，曾在海湾战争中一战成名，此后常常成为战场上先发制人的利器。在科索沃战争中，美军使用了"战斧"BGM-109C/D Block 3

巡航导弹。但是，"战斧"也有不锋利的时候。由于科索沃地形复杂，加上当时的气候条件也不好，多雨多雾，从而造成巡航导弹任务规划困难。另外，在勉强能够使用"战斧"导弹的地域和天候里，南联盟还曾利用燃烧

巡航导弹面临复杂的战场环境

废旧轮胎的办法对巡航导弹进行干扰，使其数字景象匹配系统丧失作用。处于绝对弱势的南联盟，仍然击落了 238 枚"战斧"巡航导弹。

（2）实战启示与思考

任何武器都有其局限性。地形匹配制导用于导弹飞行中段，需要有一段长度合适的地形起伏区域作匹配区。光学景象匹配制导用于导弹飞行末段，定位精度要求更高，需要具有一定面积且特征丰富的平地作匹配区，并且受雨雪、雾的影响。科索沃复杂的地形和恶劣的气候条件影响了"战斧"导弹的使用，也暴露了其不足的一面。

任何技术都有其局限性，任何制导方式都有其相应的适用条件，因此一型导弹宜有多种制导方式，也就是导弹按照制导方式系列化发展，以分别适应不同的作战环境，这是增强导弹武器系统整体适应能力的一条有效途径。因此，"战斧"导弹就采用了多种制导方式。

4.9 有的放矢——GPS 干扰与 GPS 制导导弹

AGM-86 空射巡航导弹是美国波音公司为美空军研制的。其中，AGM-86C 导弹采用全球定位系统（GPS）辅助修正惯性制导系统，理论命中精度可达 15m；到 Block 1 导弹时，改用精度更高的第二代 GPS，命中精度据称可达 6m。

Block 1A 导弹因 INS/GPS 采用了先进的导航软件、抗干扰能力强的 8 通道 GPS 接收机电子组件和新的 4 元 GPS 天线，以及可用于对 GPS 精度进行优化的多状态卡尔曼滤波器飞行软件，命中精度提高到 3m。

（1）伊拉克战争场景回放

2003 年，在伊拉克战争中，英美联军发射的 GPS 制导导弹常常受到干扰，导致部分攻击伊军重要军事目标的精确制导导弹偏离了轨道。原因是伊军使用了据说是从俄罗斯购进的 GPS 干扰系统。战争中，美英联军每天都要发射上千枚精确制导导弹，而且很多是针对萨达姆藏身之处发射的，但始终没有伤到萨达姆一根毫毛。最初，不明就里的联军对自己的精确制导导弹攻击效果产生了怀疑。不过，找到原因之后，英美联军在 3 月 26 日的作战中声称击毁了伊军的 6 部 GPS 干扰设备。之后，GPS 制导导弹重新显示出巨大的威力。

AGM-86 常规型空射巡航导弹

GPS 示意图

（2）实战启示与思考

🏛 通过实施电子战，可以有效对抗使用 GPS 制导的精确制导武器。在伊拉克战争中，英美联军在用导弹将 GPS 干扰设备摧毁后，GPS 制导导弹重新大显神威，这说明电子对抗具有很强的针对性。

🏛 现代战场环境越来越复杂，干扰与抗干扰如影相随，技术在矛盾斗争中发展。从某种意义上说，抗干扰技术更为重要，再先进的武器，如果抵抗不了干扰，没有匹配的抗干扰措施，性能再优良也发挥不出来。

5 弹道导弹知识九连问

5.1 出生之问——弹道导弹从哪里来

1944 年 9 月 8 日，英国首都伦敦的市民们像平时一样饮食起居，忽然，城市上空呼啸着飞来几个从未见过的"怪物"，伦敦先进的防空系统还没反应过来，地面就响起了爆炸声。面对火海，已看到战争胜利曙光的人们惶恐不安，他们不知道这些威力巨大、无法防御的新式武器到底是什么，战争走向会不会因此而改变。

飞临伦敦上空的新式武器，就是被德国命名为"复仇武器"-2 的弹道导弹，简称 V-2 导弹。"V"是德文 Vergeltungswaffe（复仇武器）一词的首字母。V-2 导弹是世界上最早投入实战的弹道导弹，它虽然没能改变希特勒失败的命运，但对第二次世界大战结束后导弹武器、运载火箭的发展，以及军事思想产生了深远的影响。

V-2 导弹

弹道导弹是导弹家族中发展最迅速的成员之一。在第二次世界大战结束后的很长一段时期内，它都是遏制战争和维持全球战略平衡的重要武器装备。

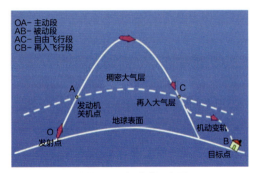

OA— 主动段
AB— 被动段
AC— 自由飞行段
CB— 再入飞行段

稠密大气层

发动机关机点
地球表面

再入大气层

机动变轨

O 发射点

目标点 B

弹道导弹飞行弹道示意图

传统的弹道导弹是指，在导弹发动机推力作用下按预定程序飞行，关机后按惯性弹道飞行的导弹。

技术的不断进步和战争模式的深刻变革，对弹道导弹提出了强突防、高精度、适应复杂电磁环境等新的实战化要求。为提高突防和生存能力，弹道导弹在纯惯性弹道的基础上正在发展机动变轨、滑翔、巡航等一系列新技术；为提高制导精度，弹道导弹在惯性制导的基础上正在发展星光制导、卫星组合制导、匹配制导、寻的制导等一系列精确制导技术。

当前，弹道导弹发射平台已由陆基发展到海基与空基；制导方式已由原来的惯性制导发展到复合制导；命中精度由原来的千米级发展到百米级，甚至米级；打击目标由原来的地面固定目标发展到各种高价值移动目标，如空中目标、水面大型舰船等。

机场要地

航空母舰

5.2 器官之问——弹道导弹武器系统由什么组成

弹道导弹武器系统就像人和动物一样，由多个器官组成一个完整的系统。那么，弹道导弹的主要"器官"有哪些呢？

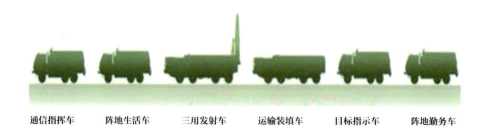

| 通信指挥车 | 阵地生活车 | 三用发射车 | 运输装填车 | 目标指示车 | 阵地勤务车 |

"伊斯坎德尔"弹道导弹武器系统配备的车辆

（1）弹头

弹头是弹道导弹直接产生杀伤效果的部分，主要完成打击或摧毁目标的战斗任务，按照战斗装药可分为常规弹头、核弹头和特种弹头三类。一般根据战争性质及打击目标装载不同的弹头。

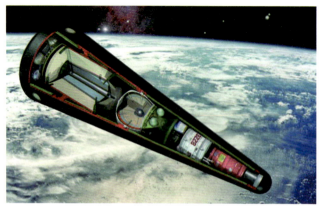

电磁脉冲弹头

分导式弹头

（2）制导控制系统

制导控制系统是导弹的"中枢神经"，其性能决定了导弹的命中精度。弹道导弹的制导方式已由单一的惯性制导发展到现在的复合制导。

惯性测量设备

（3）发动机

发动机又称推进系统，为导弹提供动力，决定导弹的射程。早期的弹道导弹大多采用液体发动机。固体发动机是当代弹道导弹的主要动力装置，其可靠性强、结构尺寸小、启动速度快、运输及贮存方便。

固体发动机

（4）安全系统

安全系统是弹道导弹在飞行过程中出现故障时，在特定的时间和空域将导弹自毁的安全装置，一般包括电源、安全程序控制器、自毁装置、敏感装置等。

"撒旦"弹道导弹在发射过程中
出现故障

（5）弹体结构

弹体结构承载、传递推力、是导弹在吊装、运输、停放、起竖、飞行等状态下的外载荷，通常由构成弹体各舱段的结构部件、空气动力翼面等组成。

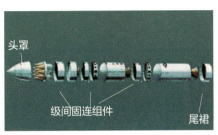

弹道导弹弹体结构示意图

（6）测发控系统

测发控系统是弹道导弹武器系统发挥作战效能的重要保证，通常由测试设备、发控设备、配电转接设备、供电电源及电缆网等组成。

（7）指挥控制系统

指挥控制系统是弹道导弹武器系统的作战指挥中枢，通过建立陆、海、空、天数据链，对弹道导弹的发射、飞行、打击目标效果等进行监控，以确保弹道导弹对目标实施有效的打击。

指挥控制车内部

（8）配套辅助装备

弹道导弹配套辅助装备通常包括发射导弹配套的地面（海基、空基）运输、贮存、维护等设备。

5.3 门派之问——弹道导弹怎样分类

武林有门派，导弹有分类。根据作战使命、射程、发射方式的不同，弹道导弹可分为三大类。

（1）按作战使命，可分为战略弹道导弹和战术弹道导弹

🔔 战略弹道导弹

战略弹道导弹通常用来打击军事和工业基地、政治或经济中心、核武器库、交通枢纽等各类战略目标，一般携带核弹头，也可携带常规弹头。

🔔 战术弹道导弹

战术弹道导弹通常用来打击敌方战役、战术纵深内的重要目标，一般携带常规弹头，也可携带核弹头。

"东风"-41战略弹道导弹

"伊斯坎德尔"战术弹道导弹

（2）按射程，可分为洲际导弹、远程导弹、中程导弹、近程导弹

🔔 洲际导弹的射程大于 8000km。

🔔 远程导弹的射程为 4000~8000km。

🔔 中程导弹的射程一般为 1000~4000km。

🔔 近程导弹的射程小于 1000km。

"和平卫士"导弹　　　　　"民兵"–3 导弹　　　　　"烈火"–5 导弹发射图

（3）按发射方式，可分为陆基弹道导弹、海基弹道导弹和空基弹道导弹

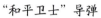 陆基弹道导弹

　　陆基弹道导弹根据发射地点不同，有发射井发射、公路机动发射及铁路机动发射三种发射方式。

"潘兴"–2 导弹发射图　　　　"大地"导弹　　　　　"手术刀"导弹的
　　　　　　　　　　　　　　　　　　　　　　　　铁路机动发射车

🔔 海基弹道导弹

海基弹道导弹是指从水面舰船或水下潜艇发射的弹道导弹,具有隐蔽性、机动性及生存能力强等优点。

🔔 空基弹道导弹

空基弹道导弹是从空中平台发射的,其机动发射准备时间短、生存能力强,如"银河"C-5 运输机曾发射"民兵"-3 导弹。发展空基弹道导弹,对于建立陆基、海基、空基三位一体的战略打击平台具有重大意义。

"三叉戟"导弹发射图

"银河"C-5 运输机
(曾发射"民兵"-3 导弹)

5.4 进化之问——弹道导弹发展了几代

弹道导弹起源于第二次世界大战时期的德国 V-2 导弹。

（1）五个发展阶段

第一阶段：第二次世界大战结束后至 20 世纪 50 年代末，美国和苏联竞相研制出第一代战略弹道导弹。其特点是采用低温不可贮液体推进剂，从地面发射。它们技术性能低，作战使用性能差。

第二阶段：20 世纪 50 年代末至 60 年代，第二代战略弹道导弹快速服役。它们采用可贮液体推进剂或固体推进剂，从地下井或潜艇水下发射，方便作战使用，提高了生存能力、命中精度、可靠性和打击能力。

第三阶段：20 世纪 60 年代末至 70 年代，携带多弹头的第三代战略弹道导弹迅速发展。它们在增大射程的同时，提高了命中精度和有效载荷能力。

第四阶段：20 世纪 80 年代至 90 年代中期，第四代弹道导弹采用了先进的复合材料壳体和结构、高能固体推进剂、扰性密封全向摆动单喷管、可延伸喷管出口锥、先进的惯性制导和复合制导技术，命中

"丘比特"导弹

发射井中的"民兵"-3 导弹

"三叉戟"-2 导弹

精度可达百米级。

第五阶段：20 世纪 90 年代中期至今，苏联解体后，由于核军备竞赛结束，美国和俄罗斯走上了不同的技术路线。美国重点对"民兵"-3 和"三叉戟"-2 导弹进行延寿改造。俄罗斯集中力量研制"白杨"-M 陆基战略弹道导弹和"布拉瓦"潜射弹道导弹等。

（2）四代演变

第一代（20 世纪 50 年代）：采用液体推进剂，系统结构复杂，反应时间长，射程短，命中精度低。

第二代（20 世纪 60 年代）：采用预装可贮液体推进剂或固体推进剂，反应时间短，命中精度提高。

第三代（20 世纪 70 年代至今）：

"民兵"导弹发射图

"飞毛腿"弹道导弹

111

特点是命中精度高，采用先进的固体推进剂，机动性好，反应速度快，抗干扰能力强，可全天候发射和生存能力强，命中精度可达几十米量级。

"潘兴"-2 导弹发射图　　　　　SS-21（"圆点"或"圣甲虫"）导弹

第四代（20 世纪 90 年代中期至今）：这一代战术弹道导弹均采用"卫星导航＋惯性"的复合制导方式，提高了制导精度。此外，根据不同作战需求，可装备多弹头，实现了"一弹多头，一头多用"。

5.5 招数之问——弹道导弹采用哪些制导方式

制导技术是引导导弹准确飞向目标的关键。弹道导弹在惯性制导的基础上，已发展出星光制导、卫星组合制导、匹配制导、寻的制导等多种制导方式。

（1）惯性制导

惯性制导技术在弹道导弹中的首次应用是在第二次世界大战期间。德国人用两个双自由度陀螺和一个陀螺积分加速度计构成了一套惯性测量系统，并将这套系统应用于 V-2 导弹。弹道导弹制导系统均以惯性制导为基础，再根据作战需求的不同，选择不同的辅助制导方式，以提高导弹的制导精度。

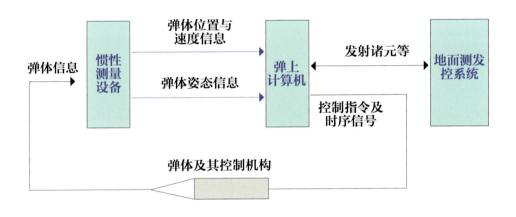

惯性制导系统原理框图

（2）星光制导

星光制导以惯性测量信息为基础，利用星光矢量在惯性空间的稳定性，对惯性误差进行修正，对快速、机动发射和水下发射的弹道导弹而言，具有重要的意义，可以有效地提高导弹的命中精度。

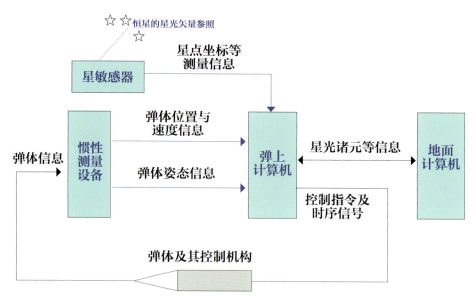

星光制导系统原理框图

采用星光制导的"三叉戟"-2导弹

（3）卫星组合制导

卫星组合制导是指利用卫星接收机接收卫星导航信号，对弹道导弹进行高精度定位与定速，根据定位、定速结果对惯性制导系统误差进行修正的制导方式。

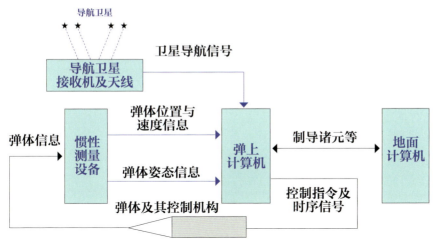

卫星组合制导系统原理框图

采用 GPS 的美国"陆军战术导弹系统"中的 Block IA 导弹

（4）匹配制导

匹配制导是导弹导引头根据实时敏感的地形、图像及其他相关数据，与预先在弹上存储的地形、图像及其他相关数据进行相关匹配计算，并根据匹配计算结果实时修正惯性误差的制导方式。

（5）寻的制导

寻的制导是导弹导引头通过接收目标辐射或反射能量来实现对目标的自动跟踪，获取导引信息并控制导弹飞向目标的制导方式。弹道导弹打击的目标主要为地面高价值目标，需要实现复杂目标背景下的目标识别，因此微波主动寻的制导一般采用成像模式。

5.6 江湖之问——弹道导弹面临怎样的战场环境

武侠行侠仗义，江湖喧嚣纷争；精确制导武器的实战运用，面临复杂的战场环境。战场上各种复杂的电磁、自然及目标环境等的因素会对弹道导弹效能的发挥造成一定影响。

R330T 车载干扰机

（1）复杂电磁环境的影响

信息化战争多是以电子战拉开序幕的。复杂电磁环境会给弹道导弹对战场的感知带来影响。战场上充斥着敌我双方的电磁侦察与反侦察、欺骗与反欺骗、干扰与反干扰等各种激烈的信息对抗。复杂电磁环境可能导致作战信息获取渠道不畅、指挥困难等，这将严重地限制整个作战体系的效能发挥。

（2）复杂自然环境的影响

云、雾、雨、雪、霾等气象环境会对弹道导弹的探测性能造成一定的影响。雷电瞬间产生的超高压电流，可导致武器的电子元器件损坏，甚至发生爆炸。丘陵、森林、岛屿、海港、城市等的复杂地形、地貌、地物，会对匹配制导和打击精度造成极大影响。

雾霾天气影响导弹的探测性能

（3）复杂目标环境的影响

目标的多样性对目标探测、识别算法都是一种考验。例如，打击城市类目标时，楼栋、道路、桥梁等众多，背景极其复杂，相似目标较多，而且在不同气候、不同天时下，目标及其场景变化较大，会给匹配制导的探测和识别带来较大的困难。敌方从目标防护角度出发，各种隐蔽、欺骗手段层出不穷，如使用伪装网，对红外光、微波、可见光等多波段进行有效的屏蔽，以及大量布设假目标等，鱼目混珠，使导弹难以对目标实现有效打击。

常用伪装网

5.7 发射之问——为何常常垂直发射

在军事新闻报道的画面里，我们常常看到弹道导弹是朝天（也就是垂直）发射的。而我们也知道，在理想状态下，当物体做抛物线运动，且入射角为45°时，物体的飞行距离最远。那为什么弹道导弹常常要垂直发射呢？

"东风"弹道导弹发射图

弹道导弹采取垂直发射，有以下几点好处。

（1）便于导弹迅速穿过稠密的大气层

弹道导弹的大部分飞行弹道在大气层以外，如果不采取垂直发射，导弹就要用更多的时间去穿越大气层，空气的阻力就会使导弹的飞行速度受到更大的损失。不过，为了使导弹在飞行初始段不会更多地受重力作用，而造成飞行速度损失过多，导弹垂直飞行所用的时间不宜过长，通常控制在10s以内。

（2）可以使导弹的推重比减小

什么是推重比呢？就是发动机的额定推力与导弹的起飞质量之比。弹道导弹的推重比一般在1.2~2.0范围内（部分固体导弹的推重比大一些），采取垂直发射，只要使推力略微超过导弹的起飞质量，导弹就可以腾空而起。

118

随着推进剂的不断消耗，导弹的质量逐渐减小，飞行速度就会越来越快。

（3）便于导弹全向攻击和实施空中转向

当导弹垂直在发射台上时，可以在 360°范围内任意改变发射方向，在空中也可以灵活转向，这就相应提高了导弹部署的灵活性与机动性。

"萨尔马特"弹道导弹垂直发射图

（4）使导弹发射装置大大简化

垂直发射可以使用结构紧凑、质量不大、使用方便的发射台。目前，弹道导弹的外形一般较大，长度为十几米到几十米，直径为几百毫米到 3m 多。试想，如果用倾斜发射装置发射又长又粗的导弹，那该装置的滑行轨道得需要多长？其结构、质量也是相当的可观。另外，又长又高的导轨式发射装置，其稳定性和机动性会受到更多限制，导弹点火滑行加速所受到的震动、冲击也会影响其命中精度。从部署角度而言，大型的发射场地对导弹的生存能力也会有不利影响。

（5）使导弹保持良好的待发状态

垂直存放的导弹，在发射前可以预先检测和调整发射方向，使导弹处于待发状态，导弹瞄准测试后可以长时间地保持这种状态。这样，导弹在完成作战部署后，可以大大缩短其快速反应时间。

这里需要说明，不是所有的弹道导弹都采取垂直发射，也有例外。一些小型的、推重比大的弹道导弹，如美国的"中士"导弹，还有机载发射的弹道式导弹，采取水平发射。

"中士"导弹

5.8 筑墙之问——怎样防御敌方弹道导弹

在第二次世界大战期间，德国发射了 4300 多枚 V-2 弹道导弹，给英国、荷兰等国造成了巨大损失和人员伤亡。战后，美国、苏联分别于 1946 年和 1948 年开始进行反导弹理论和技术的研究工作，并分别于 1952 年和 1953 年决定发展导弹防御系统，意欲筑起"御敌之墙"。

导弹防御系统就是拦截敌方来袭弹道导弹的武器系统，通常由导弹预警系统、指挥控制通信系统、导弹拦截武器系统组成。经过几十年的发展，世界各军事强国均已初步完成或正在建设自己的导弹防御系统。

导弹防御系统按拦截时机的不同可分为助推段高空拦截系统、中段高空拦截系统、末段高空拦截系统三大类。

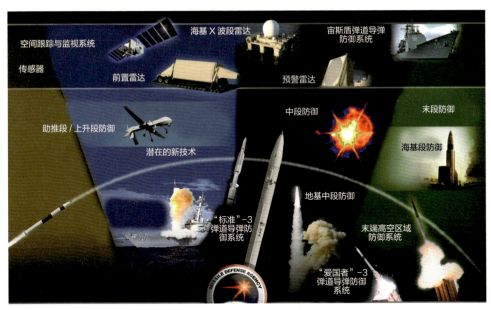

美国导弹防御系统示意图

（1）助推段拦截系统

助推段拦截系统是指在来袭导弹处于助推阶段（初始段）时进行拦截的导弹防御系统。在初始段，导弹发动机正在工作，尾焰的红外辐射特征强，容易被探测和跟踪；同时，导弹的头、体尚未分离，处于整体飞行状态，且速度较慢，真假弹头及各种突防装置都未施放，目标大，较易拦截。另外，拦截点靠近弹道导弹发射方一侧，拦截破片常散落在发射点所在地点附近。

（2）中段拦截系统

中段拦截系统是指利用探测到的来袭导弹飞行数据，计算出导弹的飞行弹道，在导弹进入再入段前实施拦截的导弹防御系统。中段拦截有多方面的优势：在来袭导弹的飞行中段尽早拦截，可以为后续拦截留出更充裕的时间；中段拦截大多发生在大气层外的太空，可减少附带伤害；此时导弹的弹道相对平稳且太空背景较为单一，有利于对来袭弹头进行捕获和跟踪。中段拦截尽管具有多方面优势，但对导航控制与制导技术要求较高，因此仅有少数国家掌握此类技术。

激光导弹拦截系统载机

搭载"宙斯盾"导弹拦截系统的阿利·伯克级驱逐舰

（3）末段高空拦截系统

末段高空拦截系统是指在来袭导弹末段（进入大气层后）进行拦截的导弹防御系统。目前，世界军事强国均推出了一系列末段导弹防御系统。

美军"爱国者"导弹属于低层防空导弹，最大射高只有 20km，因此防御面积较小，而且拦截的导弹碎片经常落在己方或友方领土上。为了弥补"爱国者"导弹的这一弱点，美军研制了末段高空区域防御（THAAD）系统（简称萨德系统）。该系统拥有拦截从近程到远程弹道导弹的能力，是当今世界同时具备大气层内外拦截能力的反导系统。

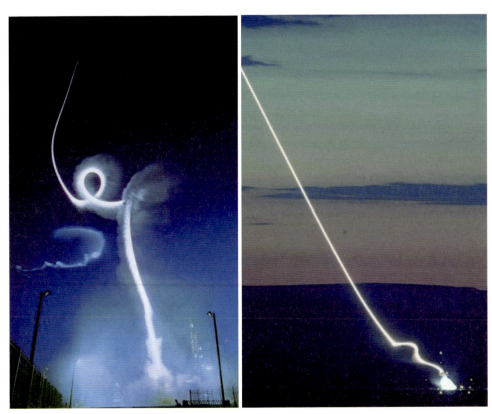

萨德系统拦截不同射程的弹道导弹

5.9 前景之问——弹道导弹发展趋势如何

进入21世纪，高新技术的迅猛发展和广泛应用，推动了武器装备的发展和作战方式的演变，展望弹道导弹的发展前景，具有特别的意义。

战机挂载"匕首"高超声速弹
道导弹

潜艇潜射"三叉戟"Ⅱ型洲际弹道导弹

（1）信息化战争中弹道导弹的作战新特点

在信息化战争中，弹道导弹将以信息技术为基础，以系统集成和信息控制为主导，在多维空间内通过精确打击、实时控制、信息攻防等方式进行瘫痪和威慑作战。弹道导弹的信息化作战具备网络化、精确打击、多手段突防、灵活多用途等特点。美国提出了全球信息栅格（GIG）的概念，把现有天基、空基、陆基和海基的计算机网、传感网和指挥控制网集成为一个全军共用的大网络，即进行信息链与杀伤链的系统集成。

全球信息栅格（GIG）示意图

（2）建设一体化的中远程精确打击新体系

弹道导弹作为一个国家或地区的整个打击体系的重要成员，其地位的重要性毋庸置疑。因此，结合信息化战争中弹道导弹的作战新特点，建设基于信息技术支持的新的打击体系势在必行。世纪之交的几场高技术局部战争，在"一体化联合作战""精确作战""非接触作战""非线性作战""快速决定性作战"与"基于效果的作战"等信息化战争思想指导下，取得了"一边倒"的胜利。从中可以看到武器装备技术水平与战场环境因素的颠覆性变化，较为突出的是基于信息支持的一体化战场设施与中远程精确打击武器的成功运用。

一体化作战系统示意图

（3）弹道导弹武器和技术的发展方向

弹道导弹武器和技术的发展方向包括：采用复合制导，研制先进的制导系统，以提高制导精度；简化发射装置，实现地面设备的模块化、小型化、自动化、智能化，以进一步提高弹道导弹的机动性；采用小型发动机和高能推进技术，提高射程；发展大威力、高效能的整体爆破弹头、集束式子母弹头、带末制导的多弹头和机动式多弹头，以适应打击不同目标的需要。随着弹道导弹防御系统的发展，全弹道突破技术（如速燃助推、低弹道、抗激光加固、组合诱饵、隐形、干扰、光电对抗、弹体处理等）将迅速得到应用。

6 空空导弹技术大看台

6.1 空战利器——夺取制空权显神威

空空导弹于 20 世纪 40 年代后期问世，它改变了空战模式。在此之前，战机交战靠机枪与机炮，更早之前则是飞行员拿手动枪支相互射击。空空导弹是由飞机发射、用来攻击并摧毁空中目标的制导武器，按制导方式分为红外型、雷达型和多模制导型，按射程分为近、中、远距三类。

F-15 战斗机发射 AIM-7 空空导弹

受战机挂载能力的限制，空空导弹一般体积小、质量轻，导弹要在距目标极近的距离（一般小于 20m）内实现有效杀伤，加之作战目标的高速、高机动特性，对制导精度的要求极为苛刻。

空空导弹虽体积小，其战术地位却举足轻重，在历次较大规模的局部战争中为夺取和维持制空权发挥了重要作用。

制空权是指在一定时间内对一定空域的控制权。它是意大利军事理论家G.杜黑于20世纪初提出的。夺取制空权的目的是保障己方诸军种、兵种主要部署，保障重要目标和主要作战行动的空中安全，保护己方免遭或少受敌方的空中打击。

"响尾蛇"AIM-9L空空导弹

空空导弹发射瞬间

来看一个战例。1982年6月9日，以色列军为了摧毁在黎巴嫩贝卡谷地的叙利亚军地空导弹阵地，陆、空军协同发动了一场大规模的突袭战。据国外军史资料披露，在两天的空战中，以军共出动F-4、F-15、F-16等战机188架次，叙军出动"米格"-21、"米格"-23等战机116架次。以军取得了击落叙军战机81架次，而己方无一战机损失的辉煌战绩。以军共发射了56枚"响尾蛇"AIM-9L和3枚AIM-9P空空导弹，击落叙军战机41架，杀伤率达69%，其余战机被"怪蛇"-3空空导弹击落。叙利亚空军被迫停止出击。在贝卡谷地空战中，以军大量使用空空导弹，从而夺取了制空权，为赢得胜利起到了"一锤定音"的作用。在此次空战中，空空导弹的使用也将空战模式带入了高技术时代，世界空战史翻开了崭新的一页。

"响尾蛇"空空导弹   "怪蛇"-5 空空导弹

空空导弹从何而来呢？ 1946 年，美国海军军械测试站的麦克利恩博士开始研制一种"寻热"火箭。1949 年 11 月，他设计出红外导引头的核心——红外探测器。以此为基础，美国在 1953 年研制出首枚红外型精确制导导弹——"响尾蛇"空空导弹，开创了精确制导技术应用的先河。

"响尾蛇"空空导弹之父——麦克利恩博士

在动物世界，蛇类具有纤细、迅猛、精确、致命的特点，因此空空导弹有许多型号以蛇的名字命名，如美国的"响尾蛇"系列导弹、以色列的"怪蛇"（"蟒蛇"）系列导弹、俄罗斯的"蝰蛇"系列导弹、意大利的"蝮蛇"（阿斯派德）系列导弹、德国的"毒蛇"系列导弹等。

6.2 麻雀虽小——空空导弹的系统构成

空空导弹需要挂载在战机上，这就决定了它体积小、质量轻。然而，麻雀虽小，五脏俱全。与其他导弹一样，空空导弹有着一套完整的系统，通常由导引系统、飞控系统、推进系统、能源系统、引战系统、数据链系统和弹体系统等构成。

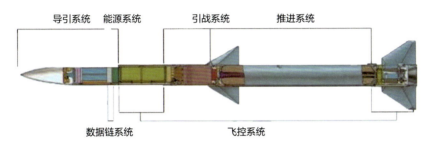

典型空空导弹组成

（1）导引系统

导引系统用于接收并处理来自目标、机载火控系统和其他来源的目标信息，截获、跟踪目标并向导弹的飞控系统输出导引信号。按使用的信息种类，导引系统可分为红外导引系统、雷达导引系统等。

（2）飞控系统

飞控系统通过对弹体的俯仰运动、偏航运动及横滚运动的控制，使导弹在整个飞行过程中具有稳定的飞行姿态和响应制导指令的能力，控制导弹按照预定的导引规律飞向目标。

"流星"空空导弹采用固体冲压发动机

（3）推进系统

推进系统为导弹提供飞行动力，以保证飞行速度和射程。空空导弹大多采用固体发动机。近年来，为实现远射程的要求，出现了整体式固体冲压发动机。

（4）能源系统

能源系统提供导弹所需的电源、气源和液压源等。

PL-10E 空空导弹

（5）引战系统

引战系统是毁伤目标的最终利器。战斗部多数装有高能常规炸药，也有的用核装药。引信多为红外、无线电和激光等类型的近炸引信，多数导弹同时还装有触发引信。

（6）数据链系统

数据链系统用来实现导弹飞行过程中与载机的通信，一般用于传送载机对目标的测量信息。

（7）弹体系统

弹体由弹身、弹翼和舵面等组成，使导弹各部分构成一个有机整体，以合理外形、低阻力和大升力产生一定的气动控制力。弹翼用于产生升力，并保证导弹飞行稳定。

空空导弹的上述七大系统共同完成作战任务：导弹在发现且锁定目标并满足其他发射条件后发射，脱离载机，发动机工作一段时间后便关闭，导弹进入惯性飞行段；在飞行过程中，制导系统不断测量、计算目标与导弹的相对位置，由偏差形成控制信号，使舵机工作，操纵舵面偏转，控制导弹飞向目标；当导弹接近目标，并符合引信工作条件时，引信引爆战斗部，毁伤目标。

6.3 各显神威——空空导弹的分类方式

近几十年的局部战争实践证明，空空导弹已成为击落敌方空中目标的首要手段。空空导弹可按制导方式、射程和攻击方式来分类，不同类型各有特点，各显神威。

（1）按制导方式分类

🔵 红外型空空导弹

红外型空空导弹通过敏感目标的红外辐射能量来探测、跟踪目标并进行导引，具有导引精度高、机动能力强、可离轴发射、系统相对简单，以及"发射后不管"等特点，但是易受到云、雨、雾等气象条件的影响，一般不具备全天候使用能力。

🔵 雷达型空空导弹

雷达型空空导弹利用电磁波对目标进行探测、跟踪并进行导引，通常具有攻击距离远、可全天候使用、系统相对复杂等特点，在使用过程中会受到电子干扰及地／海杂波的影响。

PL-5E Ⅱ 空空导弹　　　　　　　　AIM-120 空空导弹

🐚 复合型空空导弹

复合型空空导弹采用的多模导引头由不同种类的探测系统（红外、雷达、激光等）组成，也可由同一种类不同波段的探测系统或同一种类不同体制（主动雷达、半主动雷达、被动雷达）的探测系统组合而成。其不足是：成本高、系统复杂，小型化设计技术难度大。

（2）按射程分类

🐚 近距空空导弹

近距空空导弹的发射距离在20km以内，主要用于视距内空战，一般为红外型导弹。

🐚 中距空空导弹

ASRAAM 空空导弹

中距空空导弹的发射距离一般为20~100km，用于视距外拦截，多为雷达型导弹。先进的中距拦射型空空导弹常采用复合制导方式来扩大攻击距离。

🐚 远距空空导弹

R-33 空空导弹（位于机腹下）

远距空空导弹的发射距离可达到200km甚至更远，攻击对象主要是加油机、预警飞机、电子战飞机等高价值目标，具有重要的战术和战略价值。

（3）按攻击方式分类

🐚 格斗型空空导弹

格斗型空空导弹以攻击视距内的目标为主，又称近距格斗导弹，多采用红外寻的制导，导引头的跟踪范围和跟踪角速度大，能实施离轴发射，机动性强，能对目标实施全向攻击。

拦射型空空导弹

拦射型空空导弹有中距和远距之分，中距拦射导弹多采用半主动雷达寻的制导，远距拦射导弹采用复合制导。拦射型导弹与载机上的脉冲多普勒雷达火控系统配合，具有下视、下射能力，能攻击超低空飞行的飞机和巡航导弹，有的兼有近距格斗能力，可全高度、全方向、全天候作战。

6.4 独具一格——空空导弹的七大特点

空空导弹的发射平台和打击目标都处在高速运动中，因此它在导弹大家族中独具一格。空空导弹与地地导弹、地空导弹相比，反应快、机动性能好、尺寸小、质量轻；与航空机关炮相比，具有射程远、命中精度高、威力大的优点。

空空导弹具有以下七大特点。

（1）末制导精度高

空空导弹的战斗部质量只有几千克到几十千克，有效杀伤半径一般只有几米到十几米。为保证有效摧毁目标，空空导弹要求有极高的制导精度。例如，第四代雷达型空空导弹采用"中制导 + 主动雷达末制导"的复合制导技术。

F-16战斗机携带多种空空导弹

空空导弹的雨后检测

（2）机动能力强

对大机动目标进行攻击时，必须具有远强于目标的机动能力才能不被目标甩掉。例如，第四代红外型空空导弹采用推力矢量和气动力复合控制，以提高低速和高空条件下的机动性能。空空导弹的最大机动能力可达 $60g$ 以上。

（3）飞行速度快

要实施对高速目标的有效打击，飞行速度就必须比目标更快。目前，空空导弹的飞行速度可达 5 马赫以上。

（4）尺寸小、质量轻

按照集成化和模块化的思路，空空导弹要求设计较小的物理尺寸和质量。如今的空空导弹，弹长大多在4m以内，质量只有一二百千克，甚至几十千克。

（5）环境适应能力强

空空导弹可在25km的高空飞行，也可在海平面掠海飞行，并且使用环境多样，能在高温、低温、盐雾、淋雨、振动、飞机着陆冲击、霉菌等各种复杂的环境中可靠工作。

（6）抗干扰能力强

各种光电、电磁等人为干扰，以及太阳、云、雨、雾、地／海杂波等背景干扰会对空空导弹探测目标构成严重威胁。第四代红外型空空导弹采用多元红外成像导引头，以提高抗红外干扰的能力。第四代雷达型空空导弹着重提高了在强烈电子干扰环境中的作战能力。

战机发射"响尾蛇"空空导弹　　　　　挂载各种空空导弹的战机

（7）准备时间短

空战态势瞬息万变，空空导弹要想取得先机，就必须具有快速准备和发射的能力。第四代红外型空空导弹采用了大离轴角发射技术，载机不做大机动即可发射导弹，甚至可以"越肩"发射。

6.5 灵活多变——空空导弹的使用模式

战机上挂载的空空导弹如何使用？它是怎样瞄准、发射的？我们来看红外型空空导弹和雷达型空空导弹各自的使用模式。

（1）红外型空空导弹的四种使用模式

🔵 定轴瞄准／定轴发射使用模式

早期作战中多使用这种模式。战机飞行员将机头瞄准目标，使导引头光轴、弹轴及战机轴线方向一致。导引头截获目标后发射导弹，导弹离开发射装置后，导引头位标器自动解锁并跟踪目标。该模式的缺点是，载机必须始终瞄准目标，操作不方便，载机飞行状态受限，且易丢失目标。

头盔随动离轴发射示意图

位标器是接收和汇聚目标的辐射或辐射能量，给出目标方位信息的装置。

🔵 定轴瞄准／离轴发射使用模式

这种使用模式是飞行员操作战机机头对准目标，导引头截获目标后，位标器解锁，自主跟踪目标后发射导弹。它能在载机至目标的视线偏离机身轴线的条件下发射导弹，有了一定的灵活性。

🔵 定轴扫描／离轴发射使用模式

这种使用模式在未截获目标时，导引头位标器解锁定轴扫描，截获目标后，立即转入自主跟踪状态，然后发射导弹。这种使用模式扩大了导弹的截获范围，灵活性进一步提高。

🐚 离轴随动 / 离轴发射使用模式

这种使用模式的导引头位标器可随动至机载雷达或光电雷达、头盔瞄准具等提供的目标指向方向上，自动截获目标。这种使用模式大大简化了飞行员的操作，有利于捕捉战机，但要求导引头具有快速随动能力。

（2）雷达型空空导弹的三种使用模式

🐚 复合制导使用模式

这种使用模式的优点是，作用距离远，可保障空空导弹的中距、远距作战。第四代雷达型空空导弹一般采用"程序初制导＋惯性制导／数据链中制导＋主动雷达末制导"的复合制导方式攻击目标，由主动雷达导引头完成末制导。

AIM-9X 空空导弹

🐚 "发射后不管"使用模式

这种使用模式主要是主动雷达型空空导弹采用的。在载机与目标的距离较近时

AIM-7M 空空导弹

发射导弹后，载机即可机动脱离，导弹无需载机雷达指示信息，可自主截获目标，有利于载机的生存和安全，但攻击距离有限。

🐚 非全仪表使用模式

此使用模式为非常规使用模式，当载机雷达系统受到干扰，致使目标指示信息不全时，发射空空导弹。导弹发射后，导引头自主搜索、截获目标，但命中率低。

6.6 三驾马车——空空导弹武器系统组成

空空导弹武器系统主要由载机平台、空空导弹系统和机载火控系统三部分组成，它们就像"三驾马车"，形成整体，发挥效能。

（1）空空导弹武器系统组成

🐚 载机平台

载机一般包括战斗机、武装直升机等。作为空空导弹的挂载和发射平台，载机携带空空导弹到达指定空域，按照规定的程序发射、攻击目标。

F-22 隐形战斗机发射 AIM-9L 空空导弹

🐚 空空导弹系统

空空导弹系统包括空空导弹、导弹发射装置、地面测试和保障设备等部分。

空空导弹包括红外型空空导弹和雷达型空空导弹。

导弹发射装置通常有导轨式和弹射式，主要用于实现空空导弹与载机的挂装、能源供给、信息传送，并按照时序要求配合空空导弹完成安全分离。

战斗机驾驶舱内部

地面测试设备主要用于对空空导弹和发射装置进行功能及性能指标的检查和测试。

保障设备用于在导弹检测、对接、运输等使用中提供各种保障支持。

集束式四联装导轨式发射装置　　　　　　地面测试及设备

🔵 机载火控系统

　　机载火控系统是机载火力与指挥控制系统的简称，通常由外挂管理子系统、目标搜索跟踪子系统、机载惯导系统、任务计算机和显示控制子系统等组成，主要用于实现战场态势感知、目标信息探测与指示、空空导弹攻击区计算等。

（2）"怪蛇"-4空空导弹武器系统组成

　　以色列的"怪蛇"-4近距空空导弹，其主要载机有F-5E（"虎"）、F-15（"鹰"）、F-16（"战隼"）和F/A-18（"大黄蜂"）。其中，F/A-18可同时挂装6枚"怪蛇"-4导弹。

　　"怪蛇"-4空空导弹采用红外制导方式，具有破片战斗部、激光引信，飞行速度为2马赫，最大射程为15km，最小射程为500m；采用双鸭式气动布局；与"响尾蛇"AIM-9导弹的标准发射架兼容，可通过头盔瞄准具或载机雷达截获目标，一旦目标进入导引头探测距

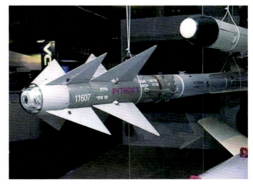

"怪蛇"-4空空导弹

离和动力射程之内，即可发射。2001年研制的改进型"怪蛇"-4空空导弹，无需头盔瞄准具，即可实施大离轴角发射。

6.7 红外制导——来自响尾蛇的启发

响尾蛇的视力几乎为零，但是它的头部拥有特殊器官，就像一个红外线定位器，可以利用红外线感应附近发热的猎物。科学家从中受到启发。1949年，麦克利恩博士设计出红外导引头的核心——红外探测器，由此，诞生了第一种红外型精确制导武器——"响尾蛇"空空导弹。

红外导引系统也称红外导引头，是红外型空空导弹的重要组成部分，位于导弹最前端。

红外制导技术受响尾蛇的启发　　　　　　　战斗机红外辐射图

（1）什么是红外辐射

1800年，英国科学家赫歇尔发现，一切温度高于绝对零摄氏度（−273.16℃）的物体都不断地向外辐射红外线。红外辐射是人眼看不见的电磁波，又称红外光、红外线，其波长为0.76~1000μm。

红外辐射的波段介于可见光和微波波段之间，通常分为四个波段：短波（近红外）、中波（中红外）、长波（远红外）和极远红外。前三个波段可让红外辐射通过大气，称为大气窗口，军事中经常用到。物体表面温度与红外辐射强度成正比。对于飞机、舰船、导弹等具有热动力的军事目标，可利用红外探测装置对其进行探测与识别。

（2）目标的红外辐射特性

飞机的红外辐射源主要是发动机尾喷口、尾气流和蒙皮。其中，发动机尾喷口温度最高，尾气流温度次之，蒙皮温度相对最低。因此，尾喷口的红外辐射峰值波长最短，而蒙皮的红外辐射峰值波长最长。

"响尾蛇"空空导弹

（3）红外导引头的工作原理

红外导引头的工作原理与人眼观察识别物体极其相似。首先，场景与目标的辐射通过光学系统（晶状体）入射红外探测器（视网膜）；然后，红外探测器将辐射能量转换成电信号，并进行放大、滤波处理（视觉神经反应）；最后，电信号通过信息处理系统（人脑），对目标进行识别和计算，确定目标方位和运动信息后发出指令。

"怪蛇"-5空空导弹导引头

（4）红外导引头的组成

红外导引头按功能分解，由红外探测系统、跟踪稳定系统、目标信号处理系统及导引信号形成系统等组成；按结构分解，一般由位标器和电子组件组成。

（5）红外导引头的优缺点

红外导引头的优点是角分辨率高，导引精度高；被动探测，不易被发现；可昼夜全天时使用；体积小、质量轻，结构相对简单。其缺点是不具备全天候使用能力；一般不具备对目标的测速/测距能力；气动加热限制了导弹速度。

（6）红外导引头的分类和发展

红外导引头主要分为单元导引头、多元导引头和成像导引头。其中，成像导引头具有更高的空间分辨率和温度分辨率。红外导引头已经过四代发展，第四代采用红外成像探测体制，信息处理全数字化，使导弹具有了"可视即可射"的能力。

6.8 雷达制导——基于蝙蝠的探测原理

雷达利用目标反射的电磁波来探测目标信息，就如同蝙蝠利用超声波的回波探测猎物。雷达导引系统也称雷达导引头，利用雷达探测原理对目标进行探测、跟踪。雷达电磁波对云、雨、雾等具有较好的穿透能力，可全天候使用。

主动雷达导引头的探测原理

（1）什么是雷达探测

"雷达"是英文 radar 的音译，原意是"无线电探测和测距"。随着技术的发展，雷达可测定目标的距离、速度、角度等。高分辨率雷达可以"看"到目标在哪里、是什么样的目标。

雷达探测常用的电磁波频率范围为 220MHz~35GHz，某些雷达可达94GHz。空空导弹雷达导引头常用的波段有 X 波段、Ku 波段、Ka 波段等。

（2）目标的雷达散射特性

空空导弹的攻击目标主要是各种类型的作战飞机，包括战斗机、轰炸机、预警机等。目前，巡航导弹和无人机也被列为其攻击目标。

雷达的探测能力与目标对入射电磁波的散射特性息息相关，这种特性可

"全球鹰"无人机　　　　　　　　　　F-22 隐形战斗机

用目标的雷达散射截面积（RCS）度量。目标的 RCS 越大，被雷达"看"到的可能性就越大。隐形飞机主要通过特殊外形设计来减小其 RCS，并在表面涂覆特殊吸波材料，来进一步加强隐形效果。

　　然而，隐形飞机并不是在所有频段上的 RCS 都很小，只是在常用的雷达波段上具有隐形效果。这为雷达反隐形的研究提供了一条途径。

　　从下图可以看出，F-35 隐形战斗机在不同波段、不同方位角上的 RCS 是不同的，一般情况下，鼻锥方向和尾后方向相对较小。

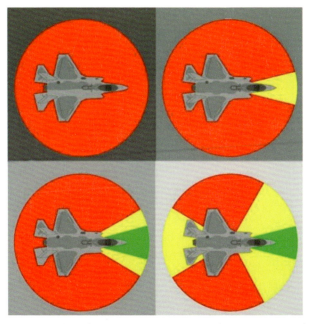

F-35 隐形战斗机在不同波段和不同方位角上的 RCS 示意图
（红色表示 RCS 最大，黄色次之，绿色最小）

143

（3）雷达导引头的工作原理

雷达导引头的测角原理与跟踪雷达相同。要完成对运动目标的跟踪，就需要实时测定目标的瞬时角位置，现在的雷达导引头一般使用单脉冲测角方法。

（4）雷达导引头的组成

雷达引导头主要由天线罩、天线、发射机、频率源、接收机、信号与信息处理机和位标器等组成。

战机发射"麻雀"空空导弹

（5）雷达导引头的优缺点

雷达导引头的优点是探测距离远，可对目标进行全方位探测，导弹具有超视距和全向攻击能力；主动雷达导引时，可实现"发射后不管"；受云、雾、雨等气象因素影响小，可全天候作战；具有测速、测角和测距能力，可为导弹提供更全面的制导信息。其不足是主动雷达导引时的隐蔽性差；易受敌方电子干扰影响；结构复杂，成本相对较高。

（6）雷达导引头的分类和发展

按照体制划分，雷达导引头可分为被动雷达导引头、半主动雷达导引头和主动雷达导引头。雷达导引头经过了四代发展，第四代采用脉冲多普勒或准连续波体制，测角方式采用单脉冲测角，导弹可实现"发射后不管"。

6.9 多模导引——打好制导"组合拳"

随着高新技术的发展，未来的空战环境将更加复杂，隐形等作战目标的多样化，各种光电、电磁等新型干扰手段的不断出现，给空空导弹带来挑战。单一模式的导引技术将难以满足作战需求，而采用多模导引技术可使单一导引体制相互弥补各自性能的不足，充分发挥各导引体制的优势，以"组合拳"发力，从而有效提高武器作战效能。

毫米波馈源喇叭

长波红外窗口

法国泰利斯公司研制的主动雷达／红外双模导引头样机

（1）多模导引头的种类

多模导引头可由不同种类的探测系统（红外、雷达、激光等）组合而成，也可由同一种类、不同波段的探测系统或同一种类、不同体制（主动雷达、半主动雷达、被动雷达）的探测系统组合而成。

光学双（多）波段导引头

光学双（多）波段导引头利用目标与干扰在光谱能量分布上的不同，确定导引头的两个或多个工作波段，通过比对，可提高探测灵敏度和探测距离，改善抗背景和红外诱饵干扰的能力。

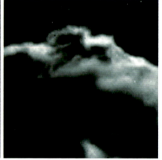

云背景在不同波段上的红外图像

🔵 主动雷达／红外双模导引头

主动雷达导引头对红外诱饵干扰不敏感，但易受箔条或其他雷达波的干扰；而红外导引头对电磁干扰不敏感，但易受红外诱饵干扰。将两者复合运用，可取长补短。

🔵 主／被动雷达复合导引头

被动雷达导引头本身不辐射信号，具有隐蔽性，但不能测距和测速，测角的精度不高。主动雷达导引头不依赖目标自身的电磁辐射，具有抗雷达关机能力。因此，主／被动雷达复合导引可以通过优势互补提高导引头的整体性能，是一种可实现远距离精确制导的措施。

（2）多模导引头的优缺点

多模导引头的优点表现在目标信息量大，探测距离远，导引精度高；多种探测体制优势互补，抗背景和人为干扰能力强，战场适应性好；导引体制可根据需求切换使用，战术使用灵活。其缺点是成本高，系统复杂，小型化设计技术难度大。

（3）空空导弹精确制导技术的发展方向

精确制导技术是决定空空导弹性能高低的最关键、最重要的核心技术。空空导弹精确制导技术的发展方向包括多波段红外成像探测技术、相控阵雷达导引技术、多模复合导引技术等。

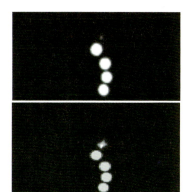

飞机和红外诱饵在不同波段上的红外图像

Kh-35雷达红外复合制导导弹导引头

美国AIM-120A空空导弹的主动雷达导引头

147

7 水下制导武器能见度

7.1 水下导弹——制导鱼雷的别称

1866 年，英国工程师罗伯特·怀特黑德在阜姆城（今克罗地亚里耶卡）研制成功第一枚鱼雷，称为"白头"鱼雷。它利用压缩空气驱动活塞发动机带动一个螺旋桨推进，通过液压阀操纵水平舵控制深度，但不能控制方向。1881 年，双螺旋桨推进装置制成，消除了鱼雷因单螺旋桨产生的横滚问题。1897 年，奥地利人 L. 奥布里使用陀螺仪控制鱼雷的方向，提高了鱼雷的航向精度和命中率，后经改进，使鱼雷能进行转角射击，提高了鱼雷的战术灵活性。

"黑鲨"重型鱼雷

鱼雷是一种能在水下自航、制导，攻击水面或水下目标的武器。在信息化、网络化、无人化等新型作战模式下，鱼雷还包括作战型水下无人航行器等武器装备。

148

鱼雷由动力与推进、自导、导航与控制、引信与战斗部，以及雷体结构等组成，是一种复杂的水下高新技术军事装备。制导鱼雷又称水下导弹，是唯一能在水下精确制导和自动寻的的武器装备。

舰用管装鱼雷　　　　　　　　　美军潜艇装填 MK48 重型鱼雷

鱼雷是各国海军的主战武器之一，它具有以下特点。

（1）隐蔽性好

鱼雷在水中航行，具有很好的隐蔽性。尤其对于噪声小、无航迹、被动自导的鱼雷，即使是拥有良好声呐设备的舰船，也难以及时发现和躲避。

潜艇在水下发射鱼雷

（2）爆炸威力大

鱼雷打击的是目标的防护薄弱部位和弹药库、动力舱等要害部位。同等质量的炸药在水中爆炸的威力比在空气中大得多，往往一枚鱼雷就能击沉一艘舰船。

澳大利亚海军进行鱼雷实爆演练，
一艘驱逐舰被MK48鱼雷击中后沉没

（3）命中率高

现代鱼雷自导装置的检测能力、抗干扰性能力及导引精度等都大为提高，一旦捕获到目标，便会紧紧"盯"住，使其难以逃脱打击。自导鱼雷的命中率较高，不仅一次命中率与导弹相当，而且具有再次攻击的能力。

（4）使用广泛

鱼雷可由多种平台携带使用，如水面舰船、潜艇和直升机、固定翼飞机等，并可通过火箭助飞方式实施远距离攻击。鱼雷还可由水雷、水下无人航行器

（UUV）等携带，实施隐蔽埋伏。鱼雷的攻击对象包括水面舰船、潜艇、运输船队，以及港口和岸基等的重要水下设施。

直升机携带轻型鱼雷

潜艇用管装鱼雷

　　现代鱼雷逐步演变成两个系列，即轻型鱼雷和重型鱼雷。轻型鱼雷一般用于反潜；而重型鱼雷既可反潜，也可反舰，还可用于打击水下固定军事设施。鱼雷的发展趋势主要是提高航速、航程，减小噪声，提高制导能力和对抗能力。

7.2 设障能手——常规水雷与特种水雷

中国在明代时最先发明了水雷。1549年编纂的《武编》记载："水底雷，以大将军为之，埋伏于各港口，遇贼船相近，则动其机，铳发于水底，使贼莫测，舟楫破，而贼无所逃矣。用大木作箱，油灰粘缝，内宿火，上用绳绊，下用三铁锚坠之。"

水雷是以控制水域为目的，对目标具有自主探测、识别、攻击能力的水中待机武器，用于毁伤舰船或阻碍其行动，也可破坏桥梁或水工建筑物。水雷一般集群使用，构成攻势或防御水雷障碍，实施海上机动布雷。其特点是价格低廉、威力巨大、隐蔽性好、维护少、布放简便，且难以发现和扫除，既可用于战略封锁，又可用于战术打击。

水雷可由水面舰船、潜艇、飞机、火箭或其他工具运载布设，按布设状态可分为常规水雷与特种水雷。

美军轰炸机在挂装MK62"快速打击"沉底水雷

常规水雷包括沉底雷、锚雷和漂雷。沉底雷的使用水深一般不超过60m。锚雷的使用水深可从几米到数千米。

特种水雷是具有特殊作战性能的新型水雷，主要有鱼水雷（自航水雷）、水鱼雷（自导水雷）、上浮水雷、导弹式水雷等。

鱼水雷结合了水雷和鱼雷技术，通过潜艇、水面舰船或岸基发射，像鱼雷一样依靠自身动力航行至预定水域，变为沉底雷或锚雷，提高了布雷潜艇的安全性和打击目标的突然性。

MK67 自航水雷

MK67 自航水雷作战示意图

水鱼雷是一种潜伏式鱼雷，将一枚鱼雷封装在水雷体中，以水雷方式布放潜伏，以鱼雷的方式攻击潜艇目标。

上浮水雷结合水雷和火箭技术，在水雷壳体内封装火箭弹，以锚雷形式布放，用火箭弹攻击目标。

导弹式水雷将水雷与导弹技术相结合，将一枚导弹封装在水雷体中，以水雷方式布放潜伏，以导弹方式攻击空中目标。

水雷的发展趋势主要有：提高主动攻击能力，实现大范围水域控制，增强作战效能；远程精确自投送，以减少布雷兵力作战对抗，降低对布雷兵力需求；使用新型传感器、电子元器件和现代信号处理技术，改进近炸引信性能，采取高能装药，以提高水雷毁伤能力；加强水雷的信息化、智能化和可控性，使其成为作战网络的前端武器节点。

7.3 反潜尖兵——深水炸弹的特点与分类

深水炸弹于 1915 年开始用于对潜作战，最初使用的是舰尾投放式深水炸弹。到第二次世界大战时，出现了舰艇攻击的发射式深水炸弹、火箭式深水炸弹和航空式深水炸弹。引信由定时引信、触发引信发展为联合引信和近炸引信，在反潜战中发挥了重要作用。

深水炸弹又称深弹，是最早用于攻击潜艇的水下武器。深弹在水中下沉到一定深度或接近目标时引爆，杀伤潜艇目标。

深弹通常由弹体、引信、装药和弹尾组成。

🔹 弹体通常是一个密封的金属壳体，多呈圆柱形或流线型，内装引信和炸药。

🔹 引信分为水压引信、定时引信、触发引信、近炸引信、定时触发引信等。

🔹 装药可分为常规炸药和核装药。常规炸药主要使用 TNT、HBX 塑胶炸药和混合装药。核装药深弹多用于反潜导弹的战斗部，其 TNT 当量可达数千吨至数万吨。

🔹 弹尾有三种，火箭式深弹弹尾装有稳定装置和火箭发动机，航空深弹弹尾装有降落伞和稳定器，投放式深弹无弹尾。

RBU-12000 火箭式深弹

舰用滑轨式深弹

深弹一般由水面舰船或反潜飞机携带，使用专门的发射装置或投放装置发射，通过齐射散布覆盖方式攻潜。其主要特点是成本低廉、结构简单、使用方便、抗干扰能力强，适合浅海作战。现代的一些火箭式深弹还被用来进行反鱼雷作战，用于摧毁来袭鱼雷。

深弹按装备对象的不同，分为舰用深弹和航空深弹两大类，发射方式主要有滑轨式、火炮式和火箭式。目前，仍在服役的深弹以火箭式深弹为主。

现代深弹已开始具备制导功能。这些深弹在传统功能的基础上增加了声呐，可利用主动或被动声呐探测装置对目标进行定位或定向，并在设定的位置精确起爆，从而更有效地摧毁目标。

MS-500 深弹 　　　　　　　　 КАВ-ИД-250-100 航空自导深弹

现代深弹一般总质量为 70~260kg，常规装药为 26~260kg，弹径为 204~445mm，弹长为 0.7~2.2m，常规装药破坏半径为 8~14m，下潜速度为 2.5~17m/s，射程为数百米至 10km，可在水深 550m 以内使用。

未来，深弹向着制导化、有动力、多用途的方向发展。近年来，自导深弹发展很快，具有广阔的应用前景。

7.4 舰船护甲——反鱼雷装备的类别

有矛就有盾。水下战场的对抗，可谓"暗流涌动"。在现代海战中，声自导鱼雷攻击舰船的命中率可达 80% 以上。但是，当舰船装备反鱼雷装备或鱼雷防御系统后，鱼雷的命中率会大幅下降，甚至失效。

反鱼雷装备用于水面舰船和水下潜艇防御鱼雷攻击、保护自身安全，主要包括"软杀伤"反鱼雷装备和"硬杀伤"反鱼雷装备，以及综合型反鱼雷系统。

（1）"软杀伤"反鱼雷装备

典型的"软杀伤反鱼雷装备"有美国 AN/SLQ-14 噪声干扰器、AN/SLQ-25B 拖曳式诱饵，英国的悬浮式反鱼雷声诱饵，意大利的 BSS 自航式水下目标模拟器等。"软杀伤"反鱼雷装备不直接毁伤鱼雷，而是采取水声对抗方法，或减弱鱼雷发现目标的能力，或诱骗鱼雷攻击假目标，最终耗尽来袭鱼雷航程，使真目标安全逃离。"软杀伤"反鱼雷装备可分为背景干扰型和信号干扰型，背景干扰型主要包括气幕弹、宽带噪声干扰器等；信号干扰型主要包括应答器、扫频器、悬浮式声诱饵、自航式声诱饵、拖曳式声诱饵及潜艇模拟器等。

鱼雷诱饵

反鱼雷悬浮式声诱饵深弹

（2）"硬杀伤"反鱼雷装备

典型的"硬杀伤"反鱼雷装备有俄罗斯的 RPK-8 反鱼雷火箭深弹系统、

美国的MK2-0悬浮式声诱饵深弹等。"硬杀伤"反鱼雷装备是直接摧毁鱼雷或使其丧失攻击能力的反鱼雷武器，包括反鱼雷拦截网、反鱼雷深弹、引爆式诱饵、反鱼雷水雷及反鱼雷鱼雷（ATT）等。

反鱼雷拦截网被投放到舰船尾流中后，整个网张开并悬浮在尾流中。拦截网上带有炸药包，用于杀伤尾流自导鱼雷。反鱼雷深弹通过齐射组成拦截鱼雷弹幕，摧毁来袭鱼雷。引爆式诱饵通过产生鱼雷引信动作信号，引爆来袭鱼雷。悬浮式声诱饵深弹上装有声呐系统，当来袭鱼雷被诱骗通过时引爆深弹。反鱼雷鱼雷是主动式精确拦截反鱼雷武器，能对抗各型反潜、反舰鱼雷，可谓水下的"爱国者"导弹，可筑起水下防御屏障。

悬浮式声诱饵深弹的作战示意图

（3）综合型反鱼雷系统

典型的综合型反鱼雷系统有美英联合开发的SSTD"多层次"反鱼雷系统、法国的SLAT火箭助飞式反鱼雷诱饵系统、意大利的C310水面舰船反鱼雷系统和C303/S潜艇反鱼雷系统，以及俄罗斯的UDAV-1反鱼雷系统等。目前，随着鱼雷智能化水平的提高，反鱼雷武器装备的发展已进入软、硬、非杀伤相结合，远、中、近多层次防御系统阶段，系统性、体系化进一步加强。

7.5 清障先锋——反水雷装备的作业方法

反水雷装备是用于探测、摧毁水雷或减小水雷对舰船危害的水中武器，主要装备于各种反水雷舰船和反水雷直升机，也可配置于水面舰船、潜艇或民用船只等非专业反水雷平台。

反水雷是指运用反水雷武器和装备进行扫雷、猎雷、破雷、炸雷等清除水雷障碍，以保证基地、港口、航道安全的作业；或直接对舰船进行消声、消磁，以减少或避免水雷对舰船造成损伤的作业。反水雷装备主要包括各种扫雷具和猎雷系统。

吊放扫雷具　　　　　　　　英国 BAE 系统公司研制的"喷水鱼"
　　　　　　　　　　　　　　一次性猎雷武器系统

扫雷是指由舰船（气垫船）或直升机拖曳扫雷具，对雷区或有疑航道、港湾进行排查和清扫。扫雷系统由扫雷具及控制装置组成，是历史最久、使用数量最多的反水雷武器，适用于在较大规模水域内清除水雷，扫除浅定深锚雷或已知引信工作方式的非触发引信水雷的效率较高。

猎雷是指对水雷进行探测、定位，并能进行识别、销毁或做其他处理的作业。完成此作业的反水雷系统称猎雷系统。

猎雷系统是在高精度导航定位设备的导引下，对水雷进行探测、识别，并逐一摧毁的反水雷武器，适用于对一定范围内的航道和重点水域清除水雷。猎雷系统由猎雷声呐、导航定位、设备显示控制装置和灭雷具组成。其中，灭雷具是猎雷系统的核心。

直升机上的猎雷系统还包括激光探雷装备和磁探仪等。猎雷不受水雷引信制约，理论上可以摧毁所有水雷，但实际效果受水域的水文条件影响很大。

"遥控猎雷系统" AN/WLD-1

直升机扫雷

近年来，国外发展了制式反水雷、空中反水雷、综合反水雷作战系统等装备，形成反水雷体系。目前，效果较好的反水雷技术包括目标设定扫雷和猎雷、机载激光探雷、一次性灭雷、高温超导磁扫雷和超空泡射弹灭雷等，具备高效、快速、安全地发现水雷、消灭水雷的能力，将水雷对战争进程的影响减到最小，进一步提高了武器装备的效费比。

7.6 海战灵魂——水下作战武器管理系统

早期海战的作战空间仅限于目视、听觉所及的范围。到 20 世纪初，海军已成为由潜艇部队、水面舰船部队和航空兵部队组成的合成军种。第二次世界大战结束后，以精确制导武器、核动力装置、自动化指挥控制为代表的先进技术和装备广泛应用，水下攻防对抗越来越激烈，水下作战武器管理系统成为海战制胜的关键。

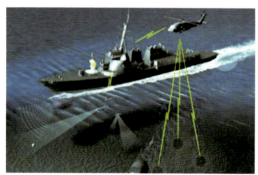 

水面舰船综合防御示意图   吊放声呐

（1）潜艇作战管理系统

潜艇又称潜水艇，是潜入水下活动和作战的舰艇，包括常规动力潜艇和核动力潜艇，主要由艇体、动力系统、操艇系统、武器系统、预警探测与侦察情报系统、通信系统、指挥控制系统、水声对抗系统、导航系统和全船保障系统等构成。潜艇配置的武器系统主要有导弹、鱼雷、水雷及相应的发射装置和控制系统。

潜艇作战管理系统主要有法国的 SUBTICS、美国的 SUBICS900、德国的 ISUS90、英国的 ACMS 等。其中，潜艇综合作战系统 SUBTICS 包括水声传感器子系统、发控子系统、集成导航子系统（包括 GPS、探测仪、计程仪、惯性导航仪等）、空中/海面传感器子系统（包括雷达、攻击潜望镜等）、通信子系统（包括水下电话、空中无线电通信等）。

"阿戈斯塔级" 90B 柴电潜艇采用
SUBTICS

潜艇综合作战系统 SUBTICS

（2）水面舰船反潜作战管理系统

SH-60B 反潜直升机使用
的 SSQ-53E 浮标声呐

第一次世界大战时期，潜艇发展为能够独立作战的舰种，反潜兵力主要是水面舰船。第二次世界大战时期，德国再度进行无限制潜艇战，反潜规模进一步扩大。第二次世界大战结束以来，反潜作战由单一兵种作战发展为多兵种协同作战。

水面舰船反潜作战管理系统主要有美国的 AN/SQQ-89、法国的 SYVA、英国的 STWS 及俄罗斯的 SS-N-14 反潜导弹武器系统等。其中，AN/SQQ-89 综合反潜作战系统，通过计算机把包括机载和舰载的各型声呐、信号处理机和反潜武器作战系统综合起来，能自动进行水下目标探测、识别、跟踪、定位及目标攻击，可操控的武器主要有 MK46 鱼雷、MK50 水雷、"阿斯洛克" 火箭助飞鱼雷、各型深弹、水雷及诱饵等。

（3）机载反潜作战管理系统

第二次世界大战时期，同盟国为了对抗德国潜艇，除调集反潜舰船外，还动用了反潜飞机。对潜作战由消极的防潜转变为积极的反潜。第二次世界大战结束后，出现了专门的反潜航空母舰，使用直升机携带高灵敏度探测设备，利用计算机准确定位潜艇，并制成核深水炸弹，反潜发展到战略层面。

典型的机载反潜作战管理系统有美国的 LAMPS MK III 综合直升机反潜作战系统、欧洲的 ATS 系列机载投放控制系统，机载声呐有美国的 AN/AQS-13/18 直升机吊放声呐、AN/SSQ-53 被动定向浮标声呐等。

7.7 水下长城——新型水下防御体系的构建

现代鱼雷的攻击更加隐蔽、突然和精确，给舰船生存带来极大威胁。围绕主战舰队或重要作战舰船，构建以反鱼雷鱼雷为核心的多层次新型水下防御体系，已经成为各国海军发展的重要任务。

水下防御体系基于覆盖较为完备的鱼雷预警系统，采用各种声呐实现对来袭鱼雷的报警，并自动完成对来袭鱼雷的特征参数进行估计和预报，根据解算和智能决策，采取相适应的软/硬对抗措施实施防御。

E/NK 反鱼雷系统

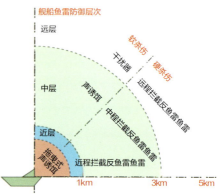

水下防御体系构成示意图

反鱼雷鱼雷借鉴了"爱国者"防空导弹的思想，有"水下的爱国者"之称，用鱼雷拦截、毁伤来袭鱼雷。与常规鱼雷相比，反鱼雷鱼雷的作战对象明显不同，其目标特征微弱得多，在拦截过程中，目标的相对态势变化快、相对速度高。防御体系的高效探测和精确导引至关重要。

舰船对鱼雷报警通常采用被动式报警声呐，能在 10 海里左右的距离内发出报警信号，可供舰船采取对抗措施的时间很短。

舰船接到鱼雷来袭报警后的对抗流程如下。

第一步：在数千米的距离处布放火箭助飞式声诱饵、气幕弹、宽带噪声干扰器等软杀伤反鱼雷装备，以延长鱼雷发现舰船的时间。

第二步：布放反鱼雷鱼雷等硬杀伤装备，以及具有更高诱惑概率的自航式声诱饵等干扰装备。

第三步：布放拦截网、发射高速射弹等摧毁来袭鱼雷，同时使用拖曳式声诱饵耗尽鱼雷航程使其自毁。

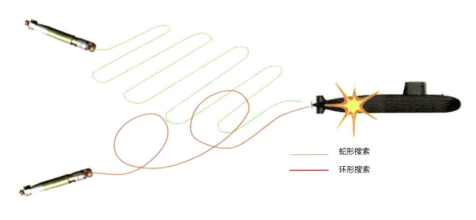

鱼雷搜索示意图

潜艇防御鱼雷的战术方法与水面舰船不同。潜艇主要依靠声诱饵在水中漂流或自航对抗鱼雷，各国海军有各自的招数。美国海军在潜艇上及外部发射装置中装备了 MK2-0 声学干扰器和 MK2-1 声学干扰器；英国潜艇的一次性"带鱼"鱼雷干扰装置、意大利的 C303 声学干扰器 / 诱饵系统，可以发出大功率强声信号，诱骗鱼雷偏离潜艇。

目前，潜艇使用的水声对抗装备已经从单一品种、单一功能的水声干扰器材发展为综合水声对抗系统。潜艇的对抗措施正在向软硬结合的方向发展，既采取干扰、诱骗式软对抗，也采取拦截、摧毁式硬对抗。

7.8 海军新宠——无人水下航行器的战场角色

无人作战已涉及空中、地面及水下。无人水下航行器（UUV）可以帮助作战人员在危险区域内完成高难度任务，减小人员伤亡风险。基于 UUV 的新型作战模式在未来水下战场上扮演着日益重要的角色，长期由潜艇一统天下的水下作战局面正在被打破。

REMUS100-S 无人水下航行器

无人水下航行器是通过搭载传感器和不同任务模块，执行多种任务的水下自动航行装备，又称水下无人运载器、无人潜器或水下无人作战平台等。其载荷包括多传感器模块、鱼雷等多种类型，可用于水下警戒、侦察、监视、跟踪、探雷、布雷、中继通信和隐蔽攻击，以及执行水文测量、海洋学研究等任务。

无人水下航行器可以由飞机、舰船携带到作战水域或从岸上直接布放；可以潜入水下，长时间远程自主航行和作战；可以到载人平台的高威胁区或难以到达的水域活动；可以作为海上网络中心战的一个节点，在进行反舰、反潜、袭岸、反水雷等作战任务时，为母舰（艇）提供水下警戒、战场侦察、目标指示、中继通信等保障。

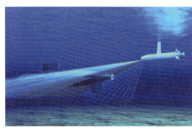

无人水下航行器作战示意图　　　　　搭载鱼雷的"曼塔"无人水下航行器

　　无人水下航行器按照控制方式，可分为遥控型水下航行器（ROV）和自主式水下航行器（AUV）；按照质量大小，可分为微型水下航行器（10~50kg）、轻型水下航行器（200~250kg）、重型水下航行器（2000~10000kg）和巨型水下航行器（超过 10^4kg）。

　　无人水下航行器的外形一般采用鱼雷形、扁平形、橄榄球形等，通常由载体、控制系统、组合导航系统、能源和推进系统、潜浮和均衡系统、探测设备等组成。典型的无人水下航行器有美国的"曼塔"、法国的"阿里斯特"、德国的"海獭"MK1，还有挪威的 Hugin3000 系列和俄罗斯的Ⅱ-2。

7.9 暗斗升级——决胜大洋的水下网络中心战

以水下信息传输技术、水下多平台组网技术为核心的协同作战、网络作战已成为未来海战的主要模式。

信息传输是水下网络中心战的基础。水下通信技术是指通信双方或一方在水面以下的信息传输技术，用于潜艇及各类水下平台之间、潜艇与水面舰船之间、潜水员之间、潜水员与水面舰船之间及岸基与潜艇的通信。

水下通信分为水下有线通信与水下无线通信。水下有线通信是将有线电话设备分别安装在水面舰船与潜水员头盔（潜水钟）内，并用电缆（或光缆）连接，主要用于水面舰船与潜艇、潜水员或线控无人潜行器之间的通信或控制，通信距离受限于线缆长度。水下无线通信包括水声通信、电磁波通信和中微子通信等。

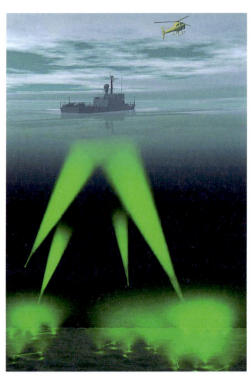

水下网络中心战还需要水下侦察技术的支撑。水下侦察技术是获取水下及水面目标、水文和水下地形等军事情报所采用的技术，主要包括水声探测技术和水下光电探测技术等。

拖曳式声呐和线列阵声呐能在恶劣海况和不良水声传播条件下，有效地搜索和监视目标。利用线谱检测技术和数字信号处理

水下探测网络示意图

技术的监视型拖曳式声呐，最大探测距离可达数百海里。

在水下光电探测技术中，水下蓝绿激光成像技术利用蓝绿激光在水下穿透性好的优点，采用距离选通或电子行扫方式对水下目标实施成像侦察，与声呐相比，其覆盖区域广、搜索速度快、水雷探测能力增强。

无人水下侦察设备

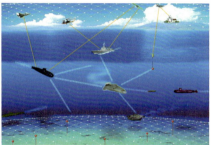
水下战场信息传播与感知示意图

　　水下网络中心战以水下战场感知为基础，在鱼雷、无人水下航行器、水雷等多种武器之间，以及武器和水中浮标、潜标、舰船平台之间构成信息链路，使探测通信节点、作战系统、水下武器组成一个有机的整体，通过固定或移动节点信息的传输、组网完成任务，实现整个战场系统的信息共享和决策。

　　水下网络中心战包括以下内容。

🐚 收集海底地貌、海洋气象、海底底质、海洋水文、海洋声学特性和海洋磁场特性等战场情报，并借助数据库进行综合。

🐚 借助无人水下航行器等进行水下目标特性侦察和敌方水下防御系统侦察。

🐚 通过海、陆、空、天等各种信息获取手段，对战场进行连续观察、综合分析。

🐚 利用潜伏性装备或武器进行水下战场预设，包括浮标、潜标声呐、通信节点及潜伏式鱼雷／水雷等。

🐚 利用多种平台，发射水下移动数据链路的精确制导武器装备实施打击。

　　在未来的信息化水下战场上，鱼雷等水下武器的作战任务将扩大到摧毁或瘫痪敌方的水下网络体系。

8 智能化弹药点兵点将

8.1 坦克克星——反坦克导弹吊打"陆战之王"

坦克被称为"陆战之王"，自第二次世界大战以来被大量使用。面对坦克的威胁，反坦克导弹应运而生。反坦克导弹按射程可分为远程、中程和近程；按发射平台可分为便携式、车载式和机载式，其中的机载式又可细分为直升机机载式、固定翼机载式和无人机机载式。值得注意的是，在实际发展中，一种型号的反坦克导弹常常被拓展到多种平台使用。

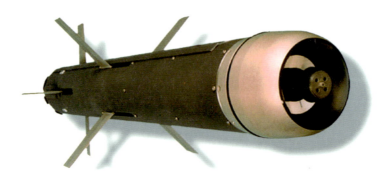

"长钉"中远程反坦克导弹（射程为 4km）

最早的反坦克导弹都直接瞄准和攻击坦克的前装甲，通俗地说，就是"打脸"。随着坦克不断加厚装甲和采用新型反应装甲，反坦克导弹要想顺利"咬破"坦克越来越厚的"脸皮"，变得越来越困难。

携带"海尔法"反坦克导弹的
"长弓阿帕奇"AH-64D 直升机

"硫磺石"空对地反坦克导弹

　　瑞典的反坦克专家脑洞大开，想出了一种专门对抗新型坦克的绝招——攻顶技术。

　　我们知道，装甲是坦克保护自身安全的主要技术手段，而在坦克全身各处的装甲中，前装甲无疑是防护能力最强的，性能先进的坦克在加强前装甲的厚度和优质材料选用上都煞费苦心。坦克的侧部、后部、底部，尤其是顶部，尽管也都有装甲防护，但其厚度与前装甲相比明显小得多，因此其防护能力就薄弱许多。

　　反坦克导弹采取攻顶技术，绕过坦克防护最强的前装甲，专门针对暴露面积大而防护薄弱的顶部装甲"吊打"坦克，无疑是戳中了坦克自身的"软肋"。

"标枪"导弹发射图

为了实现攻顶，反坦克导弹的飞行路线和战斗部结构一般都有特殊要求。导弹发射后，首先跃升至坦克上方一定高度，然后以一定的角度直接攻击坦克顶部；或是从上方接近坦克，以一定的射角（一般为 20°~30°）喷出高速射流向下方攻击坦克的顶部装甲。

最先采用顶攻技术的瑞典设计的第二代反坦克导弹"比尔"，在接近目标时，向前下方以 30° 的倾斜角喷出高速射流击穿坦克的"天灵盖"。

法、德、英联合研制的第三代反坦克导弹"崔格特"攻击主战坦克和装甲车辆时，先以约 10° 的仰角向上飞行，然后在 80m 左右的高度平飞，当接近目标时，以 20°~30° 的俯冲角下落，从顶部攻击目标。

"崔格特"反坦克导弹

攻顶有两大优点：一是操作简便，射手和弹药手配合，只需几十秒准备时间，在紧急情况下，一名士兵也可完成整个射击操作；二是飞行可靠，因为导弹飞行离地面较远，飞行时很少接触地面障碍物。攻顶可以击穿更厚的装甲及摧毁舱内设备，命中率达 95% 以上。

8.2 聚焦末端——末制导炮弹远距离作战

20世纪70年代，为了顺应军事变革潮流，世界各国积极完善火炮的功能，以提高现有火炮的打击精度，并尽量减少弹药消耗量，于是开始发展新型火炮系统。

常规炮弹的命中误差随着射程增大而增大。为了解决这个问题，提高火炮远距离压制的精度，开发远射程制导炮弹成为一种必然选择。

微电子技术、光电子技术、探测技术、小型化技术、新材料技术的出现和发展，给末制导炮弹的研制提供了技术和物质条件，从而极大地推进了弹药的制导化进程。

当时的两个超级大国——美国和苏联分别研制出155mm"铜斑蛇"M712激光制导炮弹和152mm"红土地"9K25激光末制导炮弹。它们是早期末制导炮弹的典型代表。

"铜斑蛇"M712激光制导炮弹　　　　　"红土地"9K25激光末制导炮弹

"铜斑蛇"炮弹采用激光半主动寻的制导，当炮弹接近目标时，前方人员用激光指示器照射目标，炮弹前部的激光导引头接收从目标反射的激光信号，导引炮弹准确攻击目标，命中率大于83%。"红土地"炮弹的激光照射距离为5~7km，射程为3~20km。

制导炮弹武器系统

制导炮弹与一般炮弹的差别主要是弹丸上装有制导系统和可供驱动的弹翼或尾舵等空气动力装置。在弹道末段，制导系统探测和处理来自目标的信息，形成控制指令，驱动弹翼或尾舵修正弹道，使弹丸命中目标。这种精确制导弹药提高了火炮的射击精度，适于对抗远距离的坦克。

到目前为止，末制导技术已应用于多种炮弹，包括加农榴炮炮弹、榴弹炮弹、迫击炮炮弹等。据测算，制导炮弹武器系统投入使用后，火炮数量可以减少 20%~30%，弹药消耗量可以减少为使用前的 1/50~1/40，作战费用减少 60%~90%；更重要的是，提高了己方人员和装备的生存能力和作战能力，极大地减轻了后勤保障的压力。

不过，末制导炮弹也有明显的不足，一是激光指示器需不断照射目标，而激光易受战场气象环境的影响；二是照射的作用距离有限；三是成本过高，如"铜斑蛇"炮弹的单价达 7 万多美元，效费比不高。

8.3 天眼给力——卫星制导炮弹也能"打了不管"

炮弹最重要的是威力和射程。随着技术进步和战场的需要，炮弹对命中精度有了更高的要求。采用合适的制导方式，能让炮弹打得更准。

卫星制导已被许多先进精确制导武器采用。在制导武器发射前，将侦察系统获得的目标位置信息装订在武器中，武器在飞行中接收和处理分布于空间轨道上的多颗导航卫星所发射的信号，可以实时、准确地确定自身位置和速度，进而形成制导指令。

卫星制导炮弹是新世纪智能化弹药中最具活力的一种。它采用"卫星导航＋微机电惯性导航"（GPS/INS）复合制导。典型代表有美国的"神剑"（Excalibur）XM982 制导炮弹、增程制导弹药（ERGM）、120mm 制导迫击炮炮弹，俄罗斯的"红土地"-M2 制导炮弹，法国的"鹈鹕"制导炮弹，意大利的"火山"制导炮弹等。

"神剑"XM982 制导炮弹

与"铜斑蛇""红土地"炮弹需要用激光指示器不断地照射目标相比，"神剑"炮弹真正实现了"打了不管"。

"神剑"炮弹的研制始于 1998 年，是美军实现火炮系统转型、增强精确打击能力的重点项目。"神剑"炮弹从炮口射出后不久，弹载卫星接收机便可捕捉到卫星信号进行定位导航，以确定炮弹的当前速度和位置。惯性导航系统负责测量炮弹的角速率和加速度，并将测量结果传给卫星接收机，协助完成定位过程。在导航过程中，GPS 和 INS 信号相互比较、校准和调整，控制炮弹准确飞向目标。

法国"鹈鹕"制导炮弹采用 GPS/INS 制导方式，圆概率误差为 10m 左右。该炮弹有远程和超远程两种型号。

"鹈鹕"制导炮弹

8.4 重获青睐——火箭弹从"鸡肋"到"鸡腿"

19世纪初，英国人W.康格里夫制成射程为2.5km的火箭弹。第二次世界大战结束后，各国在发展远程导弹的同时，也改进和发展了火箭弹。

火箭弹通常是指靠火箭发动机所产生的推力为动力，完成一定作战任务的弹药。火箭弹发射后能形成强大密集的火力网，从而有效压制敌方火力，支援地面部队的作战行动。但是，火箭弹密集度差、散布大，难以有效打击点目标。

"斯麦奇"火箭炮发射300mm简易控制火箭弹

机载火箭弹曾在第二次世界大战中辉煌一时，但在今天的高技术战争中，无制导、精度低、有效射程近等原因使其越来越如同"鸡肋"，甚至有人提出完全撤装机载火箭弹，用导弹和制导炮弹取而代之。

但战争是讲究效费比的。在海湾战争中，美国陆军的"阿帕奇"直升机和海军陆战队的超级"眼镜蛇"直升机共发射了4000~5000枚"海尔法"空地导弹，重点打击伊拉克装甲部队。但是，有很多"海尔法"导弹摧毁的却是非装甲目标，这对每枚价值5万多美元的"海尔法"导弹来说，非常不划算。

DAGR70mm 火箭发射试验
（命中精度为 1m）

CORECT 火箭弹演示试验

　　自 20 世纪 90 年代以来，常规火箭弹的制导化逐渐成为精确制导弹药的重要发展方向之一，并呈现蓬勃发展的势头。例如，美军的先进精确杀伤武器系统（APKWS），是在标准 70mm 无控"海德拉"（Hydra）火箭弹的基础上，增加激光半主动导引头和制导系统，开发的一种低成本精确制导武器，装备在其陆军和海军的武装直升机上。制导化之后的火箭弹，就像"鸡肋"变成了"鸡腿"，又开始受到青睐。

　　制导火箭弹的总体设计方案可分为整体型和组装型。整体型火箭弹采用全新整体设计，在制导舱段和战斗部舱段提供更加自由的设计空间，还可避免出现新型硬件与现有火箭发动机结合时可能产生的缺陷。其缺点是研制周期长、研制费用高。组装型火箭弹又分为嫁接型和加装型。嫁接型火箭弹是将已装备部队或已设计定型的近程精确制导弹药进行适应性改造，利用火箭运载技术将其发射至预定位置后，实施弹箭分离，形成一种新型的精确制导火箭弹。加装型火箭弹是将制导组件加装在非制导火箭弹的适当位置，形成新的制导火箭弹。此种制导火箭弹改变了制式火箭弹各组成部件的位置，加装的制导组件成为制导火箭弹的有机组成部分，在飞行的全弹道上，火箭发动机不与制导组件分离，直至最终击中目标。

8.5 战机宠儿——制导炸弹的便携性好

1911 年 11 月 1 日，在意大利和土耳其的战争中，意大利航空队飞行员首次从飞机上向土耳其投掷榴弹。这是战机使用炸弹的开始。

制导炸弹首次实战应用于 1943 年 9 月，德军飞机对意大利海军舰队进行攻击时，使用了能根据无线电波束校正轨迹的制导炸弹。"道尔尼"-217 轰炸机投掷的"弗利兹"-X 制导炸弹击沉了意大利海军的"罗马"号战列舰。

制导炸弹的全称为航空制导炸弹，指能自动导向的航空炸弹，是一类固定点目标近距空中支援武器。

"手术刀"炸弹挂载在 AV-8B 战机上

与普通炸弹不同的是，精确制导炸弹能够在投射过程中实现激光制导、卫星制导等多种制导方式，因此其运动轨迹不再是普通炸弹的抛物线，而是由制导形成的复杂曲线轨迹。精确制导炸弹的飞行姿态类似于巡航导弹，主要特点是结构简单、使用方便、射程远、命中精度高、造价低、效费比高，是世界各国机载高精度武器中数量最多的一种空地武器。

在大多数情况下，机械师可以在机场为普通炸弹直接装配制导系统，挂载也比较方便。标准弹药装配了制导战斗部后，具有非常高的命中精度，杀伤效率得到极大的提升。统计数据表明，制导炸弹的命中半径较普通炸弹缩小 50%。

"宝石路" Ⅱ激光制导炸弹　　　　　　　KAB-500L 激光制导炸弹

制导炸弹的大规模使用是在越南战争期间，"宝石路"系列激光制导炸弹（GBU-10、GBU-12）和电视制导炸弹（GBU-8、GBU-9、"白星眼"AGM-62A）相继研制成功，并得到充分应用。其中，当时刚刚研制成功的"宝石路"Ⅱ激光制导炸弹，共投掷了 25000 余颗，命中率在 60% 以上；仅由"鬼怪"F-4 战斗机投掷的 GBU-8 电视制导炸弹，就达 700 余颗。在海湾战争中，激光制导炸弹成为美军空对地攻击的最重要武器，共投掷了9300 多颗，总质量达 6000 多吨，命中率达到 85% 以上。

俄罗斯的第一种激光制导炸弹是 KAB-500L 炸弹，采用风标式导引头，是 500kg 级的高爆炸弹，于 1975 年投入生产。它带有固定的尾翼面，类似于美国的"宝石路"Ⅰ系列激光制导炸弹，主要用于攻击军事工业设施、停机坪上的飞机、加固混凝土的飞机掩体、桥梁、舰船、跑道及仓库。

8.6 空中警察——巡飞弹药的"势力范围"大

2022年2月24日爆发的俄乌冲突，让巡飞弹药意外"走红"。美军向乌军援助了"弹簧刀""凤凰幽灵"等巡飞弹药。这让人们开始关注这种智能化弹药。

对敌方目标来说，不断在头顶盘旋的巡飞弹药，就像时刻举着枪的警察，让敌方有一种长时间处在威胁中的恐慌感。巡飞弹药是一种利用现有武器投放，能在目标区进行巡逻飞行的弹药。目标区就像警察分管的片区，是巡飞弹药的"势力范围"。

巡飞弹药是无人机技术和弹药技术有机结合的产物，可实现侦察与毁伤评估、精确打击、通信、中继、目标指示、空中警戒等单一或多项任务。

"火影"巡飞弹药

"泰帆"巡飞弹药

巡飞弹药有时被称为自杀式无人机，它与无人机类似，所执行的任务有大幅交叉，但也有区别。

🐧 巡飞弹药具有弹药类武器的所有特征，为一次性低成本武器，一般执行自毁攻击任务；而无人机一般可重复使用，成本高，执行攻击任务需挂载武器。

🐧 巡飞弹药可由建制武器系统发射使用，与常规弹药没有区别；无人机一般不作为建制武器装备，需由专门装置发射。

🐦 巡飞弹药可借助飞机或火炮等发射平台快速进入预定区域，无人机则受自身动力限制。

巡飞弹药采用 GPD/INS 制导或自主式末制导，圆概率误差小于 50m。它能根据战场变化情况，自主或遥控改变飞行路线和任务，对目标形成较长时间的威胁，实施"有选择"的精确打击，并实现弹与弹之间的协同作战。

巡飞弹药按介入战场的方式，可分为火炮／火箭炮发射型、机载投放型和单兵投放型。巡飞弹药比常规弹药多了一个"巡飞弹道"，留空时间长，作用范围大，可发现并攻击隐蔽的时间敏感目标。单兵投放型巡飞弹药可执行近距离侦察或攻击任务，由士兵从屋顶、窗口或狭窄的小街小巷发射，非常适合在城市作战。

巡飞弹药按功能不同可分为侦察型和攻击型。侦察型巡飞弹药携带昼夜光电传感器、CCD 摄像机等侦察、通信器材。攻击型巡飞弹药不仅可在目标上方执行监视、目标指示和毁伤评估等任务，还携带着战斗部，可寻找最佳时机对目标实施出其不意的精确打击。

"弹簧刀"单兵巡飞弹药

美国发展了各种平台携带的巡飞弹药，如"快看""网火""主宰者""弹簧刀""凤凰幽灵"等。俄罗斯、以色列、英国、德国、意大利、法国等国也加入了巡飞弹药的研发行列。

8.7 爆头标配——末敏弹成为装甲集群的噩梦

末端敏感弹，简称末敏弹，是装有敏感装置，在弹道末段探测、搜索、识别并攻击目标的制导弹药。

末敏弹是把先进的敏感器技术、光电技术、计算机技术、信息处理技术，以及爆炸成型弹丸（EFP）战斗部技术应用到子母弹领域形成的一种新型弹药，主要用于自主攻击装甲车辆的顶装甲，极大地威胁着装甲集群的生存。

"博纳斯"末敏子弹　　　　　120mm ACED 末敏子母迫击炮炮弹

末敏弹不是导弹，不能持续跟踪目标并主动地控制和改变弹道向目标飞行。因此，其结构比导弹和末制导炮弹都要简单，经济性非常突出，而且可以像常规炮弹一样使用，其后勤保障和作战使用都很简单。

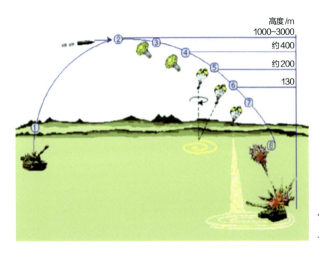

155mm "萨达姆"－M898 末敏弹
工作流程示意图

炮射末敏弹

末敏弹通常由制式火炮平台发射，经无控弹道飞抵目标上空后，延时引信发挥作用，自动启动抛射装置，并依次抛出末敏子弹。

通常，对目标的探测要采用两次扫描判定方式，即第一次扫目标后，向中央控制器报告目标信息；第二次扫目标后，把目标敏感数据与特定目标的特征值进行比较，做出最后判定。经第二次扫描，如果判定目标正确无误，则中央控制器发出攻击指令；如果判定目标为非攻击目标，则子弹继续探测其他目标；如果一直未发现攻击目标，则子弹在距离地面一定高度处自毁。

法国研制的 SMART155 加榴炮末敏弹采用多模复合探测敏感器、目标及背景特性数据库、信息融合技术及较完善的识别算法等，敏感器引入了温度补偿技术，工作可靠性（在规定时间内实现规定功能的概率）达到 0.97以上。

8.8 战场幽灵——智能雷助力"工兵捉强盗"

长久以来，在大规模地面作战中，小小的地雷发挥的作用可不小。在第二次世界大战中，盟军在各个战场被地雷毁坏的坦克占损失坦克总数的20.7%，德军被地雷炸毁的坦克有近万辆。

近些年，世界各军事强国均把地雷战装备作为工程兵主战装备，进行重点发展，尤其强调在技术上与主战装备体系发展相协调，智能雷应运而生。

智能雷有"战场幽灵"之称，小武器，大威胁，常令敌方防不胜防。我们知道，有款儿童游戏"工兵捉强盗"，智能雷就像捉强盗的法宝，成为工程兵的克敌利器。

"尤卡"MPBK-ZN 智能反坦克地雷

M93 广域地雷

智能雷能自主探测、识别、跟踪、定位和主动攻击目标，通常由目标探测传感器、信号处理与控制装置、随动发射装置和子弹药（含战斗部）等组成。智能雷应用了计算机、人工智能和自动化、激光、红外、微波等高新技术，注重综合效能的运用，其整体水平可谓今非昔比。

智能雷可由人工布设，也可由火箭、飞机和导弹等携载布撒。地雷已经从传统的被动攻击目标的武器，发展为能够自主探测、识别、定位和主动攻击坦克、装甲车辆目标，甚至起降中的飞机目标及低空飞行武装直升机等多种目标的智能化武器系统和作战平台。

　　20 世纪 80 年代初，美国率先开始研制智能雷；90 年代，英国、法国、德国、保加利亚、俄罗斯和意大利等国相继开始研制反坦克智能地雷和反直升机智能地雷。

　　反坦克智能地雷采用声 / 震预警探测、毫米波 / 红外 / 激光末端敏感、自锻弹丸和计算机控制等先进技术，可从空中攻击坦克顶甲而摧毁目标，是一种具有信息化特征的地雷。

　　反直升机智能地雷结合声预警技术、目标探测技术、稳定发射技术、敏感识别技术和定向战斗部技术等诸多技术，可攻击直升机，使其不敢低空飞行，而拉高飞行又容易被防空武器击落。

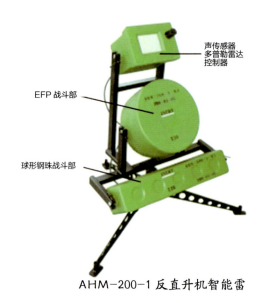

AHM-200-1 反直升机智能雷

　　目前，智能雷正在成为一种无人值守的、具有网络化控制功能的智能区域障碍武器。

8.9 纵深点穴——制导子弹药"蝙蝠"与"毒蛇"

制导子弹药一般无动力，采用声、光、电等方法探测目标，甚至加装导引头，由无人机、火箭炮、坦克炮等多种平台投放。其典型代表有"蝙蝠"火箭炮子弹药和"毒蛇"机载子弹药。

为了填补陆军火力支援系统中攻击 100km 以外装甲目标的空白，美国研制了"蝙蝠"反装甲末制导子弹药。它是一种新型的自主搜索、识别并攻击装甲目标的"智能"弹药，即可"发射后不管"的自主式反装甲子弹药。它采用高灵敏度的声频探测技术，能够像蝙蝠那样利用声频来探测物体，故得名"蝙蝠"。

"蝙蝠"子弹药翼端装有向前伸出的声学传感器

"蝙蝠"子弹药在作战使用前需要进行战场情报准备，分析敌方的战斗进程。判断敌方可能采取的重大军事行动之后，由 M270 系统发射的 ATACMS Block II 型战术导弹运载到距离目标 100~500 m 处的目标区进行布散。每枚 ATACMS Block II 型战术导弹能携带 13 枚"蝙蝠"子弹药。

在"蝙蝠"子弹药的基础上，诺斯罗普·格鲁曼公司为美国陆军无人机研制了"毒蛇"GBU-44/B子弹药。2007年9月1日，美国陆军的"猎人"无人机在伊拉克战争中使用了该子弹药。

"毒蛇"子弹药挂在"猎人"无人机下方

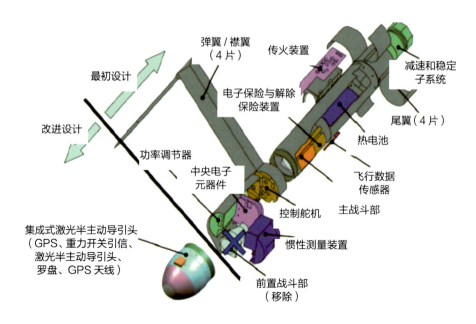

GPS制导"毒蛇"制导弹药结构剖视图

"毒蛇"子弹药引入了GPS制导，射程增加，可在防区外远距离攻击目标。另外，"毒蛇"子弹药还将加装数据链，以具备攻击移动目标和同时攻击多个目标的能力。据称，"毒蛇"子弹药有可能采用"红外＋毫米波"复合导引头。

9 精确打击作战体系谈

9.1 体系对抗——现代信息化战争的特点

　　武林中人倘若练功不精，则在与高手的对决中，一旦某处受制于人，必将处处受制于人，正所谓"牵一发而动全身"。战场上的对抗比起武林对决，更具有整体性和系统性。在信息化条件下，随着对抗的领域、方法和手段增多，战场更加突出体现为整体与整体、系统与系统、体系与体系的对抗。

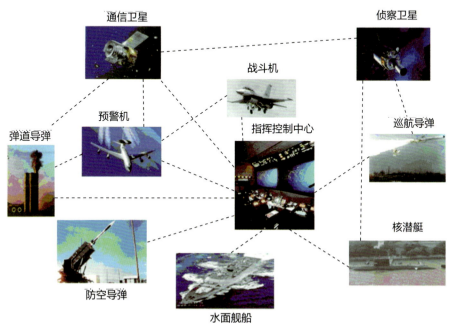

精确打击武器体系结构示意图

体系及体系对抗的概念是于 20 世纪 90 年代中期被提出的。实际上，自从人类社会产生战争以来，军事对抗从来就是一种系统性的对抗，只不过在信息技术出现并大量应用于军事领域之前，军事对抗的系统性是低水平的。冷兵器时代是体能对抗，热兵器时代是火力对抗，机械化时代是火力加机动力对抗。

在现代战争中，作战体系呈现由战场信息网络连接在一起的高度整体化的特点。触动这个整体的任何部位，都将立即引起整个系统的某种反应；破坏这个整体的任何部位，都将立即影响其他部位，乃至整个系统的正常运转。以美军为例，其信息化武器装备体系的主要特征如下。

🦑 空间立体网格化分布：各种功能的武器平台分布在地面、空中、空间、海面和水下，且随时间动态变化。武器装备体系的各子系统通过各种有线和无线通信链路连接，形成有机的网络化武器系统。

🦑 体系功能完整：侦察预警系统负责提供及时、精确的战场目标信息，通信指挥系统负责完成信息的传输和决策支持，精确打击火力系统负责完成精确打击任务，各单元协同作战，完成总体作战任务。

现代战争的突出特点之一是武器装备体系的对抗，体系对抗不是单个武器系统或装备能力的简单相加，而是以信息为纽带，把各级指挥系统、各种武器系统与保障系统紧密联系在一起，形成一个有机的整体。

精确打击是信息化战争的主要打击方式，也是整个信息作战过程中的重要环节，而信息获取和利用则是体系对抗的核心。建立安全可靠、实时顺畅的信息获取、信息处理、信息传输渠道，实现作战体系内所有单元、武器系统的联通和信息共享，即做到互联、互通、互操作，是精确打击作战体系的物质技术基础。

9.2 决定因素——人在体系对抗中的地位

20世纪末以来，信息化武器装备和信息网络的大量使用，使机械化战争向信息化战争转化，军队的战场感知能力得到空前提高，信息成为战斗制胜的主要因素，精确打击成为作战的主要手段。

从作战角度考虑，精确打击作战体系应包括四大要素：精确制导武器、信息支持系统、指挥控制系统和作战官兵。作战官兵是精确制导武器的主人，也是在精确打击体系中起决定性作用的因素。

解放军海军陆战队某旅联合登陆舰部队、航空兵进行直升机滑降训练

在信息化战争中，情况复杂，变化急剧，指挥员必须在客观物质基础上，充分发挥主观能动性，灵活指挥战斗。官兵力争使己方处于主动地位；当进行防御时，力求以积极的攻势行动摆脱被动，争取主动；在主要方向和重要时机，适时集中兵力、火力和电子对抗力量，形成和保持对敌优势；广泛机动，建立有利态势，积极寻找并利用敌方的弱点和错误，调动敌人，使其处于被动地位；根据任务、敌情、我情、地形巧妙部署兵力，采取恰当的行动方法；善于观察战场情势，审时度势，迅速做出反应，灵活机动兵力、火力和电子对抗力量，变换行动方法，不失时机地打击敌人。

解放军某部誓师

在精确打击作战中，官兵必须贯彻统一的战术思想，实行集中统一的指挥。指挥员在熟识军种、兵种特长和各部队作战能力，以及各种精确制导武器装备性能和使用方法的基础上，根据上级意图，合理使用兵力，恰当区分任务。部队应正确理解上级意图，坚决贯彻战斗决心，严格执行协同计划，遵守协同纪律，主动配合，相互支援。在战斗中，运用指挥信息系统指挥协调部队行动，不间断地协调地面、空中、海上、电磁、网络等不同空间和领域的战斗行动，使火力、突击、机动、信息对抗和防护紧密结合；当情况发生变化或协同失调、遭到破坏时，适时调整或恢复协同动作，以保证协调一致地完成打击任务。

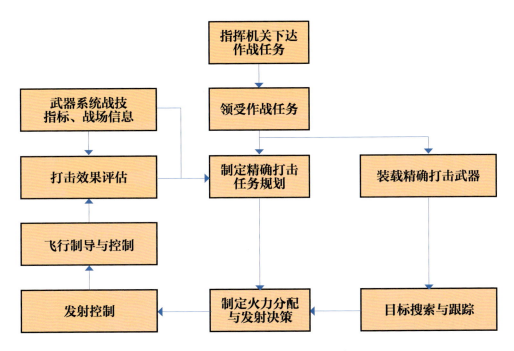

精确打击作战体系的作战过程示意图

作战官兵在"制定精确打击任务规划""装载精确打击武器""制定火力分配与发射决策""发射控制"等作战过程的核心环节中发挥着决定性的作用。在信息化战争中，军事对抗在很大程度上是知识和技术的较量，交战双方人员在科学文化和技能上的差距，将使武器装备在战争中发挥的作用大相径庭，从而对战斗力的生成产生巨大的影响。

9.3 创新战法——科技练兵的重要性

在近年的几次局部战争中，精确制导武器已成为主战兵器。统计表明，1991年的海湾战争中运用的精确制导武器仅占武器总数量的9%，而科索沃战争中猛增到35%，阿富汗战争中高达56%，伊拉克战争中使用的几乎全部为精确制导武器。最近几年，精确打击作战样式还在不断创新。

2020年2月27日—3月5日，土耳其军队在叙利亚西北部的伊德利卜省发起"春天之盾"军事行动。这次行动是战争史上首次将无人机作为空中打击力量的主体，并大规模用于对正规军作战的重要战例。

"春天之盾"行动期间，土军共投入数十架无人机，累计出击数百架次。土军以其国产"安卡"-S、"旗手"TB2两型察打一体无人机为作战主力，加上部分地面远程炮兵，在E-737预警机和F-16战斗机的空中掩护下，对伊德利卜省叙政府军的各种地面目标实施了大规模、高强度的空/地火力打击。叙政府军因此损失了大量主战坦克、步兵战车、自行火炮、自行防空系统等重型装备，同时有相当数量的指挥中心、炮兵阵地、弹药库等军事目标被摧毁，直至俄罗斯支援才扭转了地面战局。

"旗手"TB2两型察打一体无人机

"轰"-6K等多型战机远洋训练

装备现代化的核心是信息化。信息化水平对战斗力生成起着主导作用，信息化武器装备成为战斗力的关键物质因素，基于信息系统的体系作战成为战斗力的基本形态，人的科技素质对战斗力具有特别重要的意义，因此科技练兵尤为重要。

一方面，在信息化战争中，人的一部分智慧和能力物化到技术装备上，人与技术装备从相结合到相融合，信息化、智能化武器装备的地位和作用越来越凸显。

另一方面，信息化战争仍是人的博弈，人的主体地位并没有动摇。人是战争的决定性因素，最终决定战争胜负的是人而不是物。人是战争中武器装备的使用者、作战方法的创造者、军事行动的实践者，人的素质和精神状态，对战斗力的形成和发挥具有重要的影响。具备信息素质的新型军事人才将发挥越来越重要的决定性作用。

对广大官兵，尤其是各级指挥员而言，不仅要掌握新的技术技能，还应当研究、创造新的战术战法，以提高信息化条件下的指挥能力和驾驭战争的本领。

中国海军"铜仁舰"进行海上系浮筒训练

中国海军某潜艇支队与水面舰船、航空兵协同

9.4 见招拆招——技战术结合抗敌方干扰

复杂的作战环境给精确制导武器的应用带来了很大的挑战，军事科技人员和作战官兵必须在技术、战术上有所作为，见招拆招，深入了解敌方技术体制，灵活运用战术，应对各类干扰。

（1）应对压制干扰

当发现雷达的当前工作频率被干扰时，应马上将工作频率切换到一个新的、没有被压制的频率点上，以摆脱敌方压制干扰，因为有源压制干扰机的发射功率是有限的，且只能覆盖一定的频率范围。

美国电子战飞机

（2）应对欺骗干扰

欺骗干扰一般通过干扰机发射虚假目标信号来干扰导引头，真目标和假目标回波信号在某些特征上总会存在差别，可通过智能识别软件实现真假目标的鉴别。采用多模复合制导技术，可弥补单一制导方式的缺陷。例如，采用"微波+激光"

红外诱饵弹

复合制导方式，当微波频段受到干扰时，可继续利用激光制导信息进行制导。

（3）应对遮蔽干扰

认真分析箔条等遮蔽干扰的反射特性，对敌方释放遮蔽干扰的战术、战法进行研究，并有针对性地研究对抗措施，以增强精确制导武器抗遮蔽干扰的能力。

舰船发射箔条弹

箔条弹爆炸形成的箔条云

（4）应对非对抗电磁干扰

在设计武器装备时，要精心进行电磁兼容设计和试验，防止出现"互扰""自扰"现象；提前对战场电磁频谱进行战前规划，对复杂环境进行定量分析。

（5）消除气象环境、地理环境及复杂多目标的影响

云、雨、雾、雪等天气条件会对导弹导引头探测造成影响，要合理利用各种气象条件，选择发射精确制导武器的最佳时机与方式。战前对攻击目标区域的景象进行高精度测量，对弹道进行科学合理的规划，对导弹进行参数装订，解决地形、景象特征不显著或空天背景单调等问题。获取更多的目标特征，对多目标进行分辨、识别，以认清敌我、分清主次，从而有的放矢。

9.5 知天知地——应对复杂自然环境

　　《孙子兵法》的"地形篇"中指出，"知天知地，胜乃可全"，强调了"天时"的重要性。古今中外不少战例，就是借助气象条件来达到军事目的的。例如，三国时期借东风的"火烧赤壁"，凭浓雾的"草船借箭"；还有第二次世界大战时，苏军把入侵的德军拖到严寒的冬季作战，使德军机械化部队无法发挥优势。

　　精确制导武器尽管具有神奇"武功"，但是复杂的自然环境给它的应用带来了很大的挑战，军事科技人员和作战官兵必须"知天知地"，以在应对挑战上有所作为。

（1）消除云、雨、雪等气象环境的影响

　　首先，军事气象部门通过进行气象侦察，获取所需的气象信息，为作训提供气象信息保障。海军主要利用舰船侦察有关水域、航线的海洋气象情况；空军主要利用飞机侦察有关空域和航线的气象情况；火

晴天观测，图像清晰

箭军主要侧重搜索、研究目标区域的气象情况，以及利用卫星、远程无人侦察机侦察目标区域的实时气象情况；合成军队或联合作战部队运用多种手段

薄雾条件下观测，图像对比度降低

浓雾条件下观测，图像模糊不清

和方式进行综合性气象侦察。

（2）躲避阳光的干扰

太阳是极其强烈的红外辐射源，若进入红外导引头的阳光（杂散光）辐射强度大于目标的辐射强度，导引头就无法正常工作。在所有红外导引头设计过程中，都有一项考核指标，即太阳夹角，它是导引头与目标连线同导引头与太阳连线之间的夹角，一般为 12°～20°。光学制导武器对阳光的干扰非常敏感，切不可强行逆光发射而"浪费弹药"。

（3）应对地理环境带来的挑战

技术人员应对导引头的信号处理算法进行改进，利用背景的多路径反射信号一般落后于目标反射信号的特点，采用前沿跟踪技术。单一制导体制的导引头适应现代战场的能力不强，采用复合制导武器可增加辅助信息，提高命中率。

陆军、空军、火箭军联合作业，
搭建电台

（4）区分复杂多目标

低空突防目标、隐形目标、高速大机动目标、假目标等，极大地影响着精确制导武器效能的发挥。因此，应提高精确制导武器分辨率，获取更多的目标特征，进而对多目标进行分辨、识别，以认清敌我，分清主次。

9.6 知己知彼——扎实做好作训功课

《孙子兵法》中道："知彼知己，百战不殆"。在战争中，只有对敌我双方、战场环境、战争特点有充分把握，才能克敌制胜。

（1）"知彼"是适应复杂作战环境的关键

深入了解敌方目标特性，提高使用精确制导武器的针对性：多种侦察、探测手段并行，尽早捕获、持续跟踪敌方目标并予以快速准确定位，以为实施精确打击提供实时的目标信息。

精确制导武器准确捕获目标示意图

加强敌情分析，科学使用武器：分析、掌握敌方作战意图与任务、精确制导武器性能和数量、敌方的部署（目标位置）及可能的行动，周密计划、组织精确打击火力。

提高作战效能，鼓舞战斗士气：精确制导武器的造价比常规武器昂贵，这就决定了精确制导武器在作战中的使用是有限的。因此，对所要打击的目标要精心选择，力求一举实现作战目的。

（2）"知己"是应对复杂作战环境的根本

对己方武器的战术战法、技术指标和限制因素等要有充分了解，以扬长避短，发挥己方优势。"知己"是战争胜利的根本，只有立足己方现实，才能科学合理地指导部队建设，发明有效的战术战法，提高武器系统的作战效能，才能在未来战争中创造属于己方精确制导武器的辉煌。要做好"知己"，广大官兵就要加强自身"修炼"，创造"必杀绝招"。

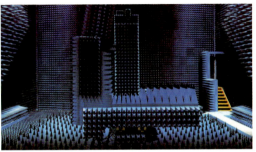

"东风"-26 中远程弹道导弹　　　　　　　　电磁兼容屏蔽测试

🐚 加强部队管理建设，提高精确制导武器操作人员素质。

🐚 做好战场环境中的任务规划。

🐚 适应战场，保存自己；出其不意，打击敌人。

🐚 优化现有武器装备使用模
　　式，以构成有机整体，相
　　互支持，取长补短。

🐚 科学合理地评估战场环境中
　　精确制导武器的使用性能。

"辽宁舰"的"航母 Style"

🐚 立足现有条件实现战法创新。

🐚 在演练中不断检验战法和装备。

　　只有知彼知己，官兵才能有针对性地采取应对措施，做到"随机应变""见招拆招"，从而在现代战争中立于不败之地。

9.7 抢占先机——精确制导技术的应用与创新

第二次世界大战结束后，随着科学技术的进步，以精确制导技术为核心的各类精确制导武器在研制及作战应用方面，均发展迅猛。

以地空导弹为例，第一代地空导弹发展于 20 世纪 50 年代至 60 年代初，以"奈基"、"萨姆"-2 导弹等为典型代表，大部分采用波束制导或无线电指令制导，打击目标为中高空的亚声速战机，抗干扰能力差。第二代防空导弹于 20 世纪 60 年代后期装备部队，代表型号有改进"霍克"、"萨姆"-6、"罗兰特"等，制导方式除了指令制导，有的已采用半主动寻的制导，导引精度有较大提高，主要打击范围也扩展至中低空，形成了防空导弹系列。第三代防空导弹的代表型号有"爱国者"、"萨姆"-12、"宙斯盾"等，主要采用主动寻的末制导、TVM 制导和复合制导，导引精度大大提高，不仅能够攻击低空/超低空飞行的战机，还可以攻击 RCS（雷达散射截面积）很小的巡航导弹、战术地地导弹等，并且可以同时打击多个目标，有的甚至可以直接碰撞或打击目标的要害部位。

"萨姆"-2 防空导弹阵地

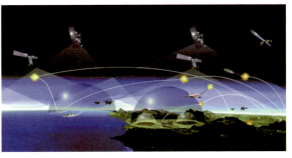

"红旗"-9B 防空导弹　　　　　　战场信息共享示意图

精确制导技术在弹道导弹、巡航导弹、空空导弹、空地（舰）导弹、反辐射导弹、航空炸弹、反坦克弹药、反舰鱼雷、反鱼雷武器等制导武器中都得到了广泛的应用，制导精度也不断提高，促进了各类精确制导武器性能的提升。时至今日，精确制导武器已在现代战争，尤其是近年来的几场局部战争（如海湾战争、科索沃战争、伊拉克战争）中显示出超常的作战效能。

为进一步适应信息化条件下联合作战的需求，精确制导武器将继续向高精度、远射程、抗干扰、多用途、智能化和低成本等方向发展。

目前的主要武器装备及技术发展呈现以下趋势：一是远程快速精确打击能力不断提升；二是通过信息网络具备打击时间敏感目标的能力；三是命中精度、抗干扰能力和全天候作战能力不断提高；四是向多用途方向发展；五是通过控制成本提高经济可承受性。

国防科技人员必须敏锐把握精确制导技术的发展趋势和各种先进技术的研究方向，以抢占先机，坚持自主创新和引进消化相结合，以军事需求为牵引，依靠技术创新为军队及时研制满足作战能力要求的精确制导武器装备。

9.8 巨大推力——科技进步与战斗力生成

精确制导武器作为实现精确打击的高技术主战武器，已成为现代战争中的明星装备与主战装备。透过尖端导弹武器的先进技术指标，可以看到一体化设计、特种材料、先进发动机、隐形、制导控制等专业技术的突破。科技进步大大提高了精确制导武器的性能、精度和灵活性。

军队战斗力由人、武器，以及人和武器的结合方式三个基本要素组成。科学技术，特别是以信息技术为主要标志的高新技术的迅猛发展及其在军事领域的广泛应用，深刻改变着战斗力基本要素的内涵，从而深刻地改变着战斗力生成模式。

信息化水平在战斗力生成中起着主导作用，信息化武器装备成为战斗力的关键物质因素。基于信息系统的体系作战能力成为战斗力的基本形态，人的科技素质在战斗力中具有特别重要的意义。提高军队的科学技术含量，加强以信息化为主要指标的军队质量建设，成为世界军事发展的趋势。过去单纯依靠人员规模和常规武器数量来提高军队战斗力的模式已经不能适应信息化战争的要求。

中国海军航空兵某新型歼轰机编队起飞

精确打击作战体系的基本特征是形成从目标信息获取、传输、处理，信息装订，指挥控制，直至实施打击和打击效果评估的全过程闭合。精确制导武器是该体系中的一个重要环节，扮演着直接攻击火力的角色。部队官兵是该体系中的决定性因素，最终决定战争胜负。

随着军事技术的进步和武器装备的发展，战斗将在激烈的信息对抗中，从地面、海上到空中，全纵深、全方位地展开，战斗形态趋向非线性、非接触和非对称，战斗方法更加注重全纵深同时作战，远距离精确打击成为达成战斗目的的重要手段，战斗进程的快速性、战斗行动的联合性将进一步增强。

中国火箭军进行导弹发射

未来战争将向更广泛的空间扩展，太空、信息网络空间等将成为战斗的重要领域，信息化武器装备将发挥更加重要的作用。精确制导技术的进步是无止境的，同样，部队官兵的战法创新也大有空间。这些都对战斗力生成和提高具有巨大推动作用。

9.9 未来趋势——聪明灵巧智商高

很多先进导弹在实施打击时不是仅能识别目标的属性，而是不但能分清敌我，还能判别目标的类型。例如，"智商"较高的导弹能够分清航空母舰编队中的航空母舰、巡洋舰和驱逐舰，并且能够选择航空母舰的重要位置进行攻击，以产生最强的破坏力。这样的导弹就像有人在操纵一样，能够实现对目标的精确打击。

"飞鱼"反舰导弹

在"9·11"恐怖袭击事件中，两架波音飞机被恐怖分子劫持，分别撞向纽约世贸大厦的两栋大楼，此时的飞机就像"智商"极高、制导精度极高的巡航导弹。飞机在撞向大楼之前，需在纽约市中心的众多大楼中选择世贸大厦，这并不容易，要根据大楼的位置事先规划好航线，以防止飞行过程中碰撞其他大楼，这好比精确制导武器面对的战场环境；而飞机攻击大楼的关键部位（选择攻击点）则更难。因此，整个攻击过程需要事先精确设计飞机的航向、航速，二者缺一不可。如果航向偏离，则撞不上大楼；如果航速过慢，则容易被拦截，且不会给大楼造成毁灭性攻击。其过程与精确制导武器的作战过程极其相似。

精确制导武器面对的战场环境比"9·11"恐怖袭击事件更复杂，实施精确打击的难度更大。首先，精确制导武器的"智商"显然没有驾驶飞机的人的智商高；其次，精确制导武器攻击的目标比世贸大厦要小得多，这增加了发现、识别、跟踪目标的难度，目标要害部位的选取则更难。

"9·11"恐怖袭击事件

"东风"－17导弹

在以信息化为基础的高科技局部战争中，精确制导武器的大量使用，在给战争模式和格局带来变化的同时，也促进了导弹技术的飞速发展。从未来战场环境的需求出发，以作战能力为中心，通过系统集成、技术融合打造新一代导弹武器系统，利用成熟技术或经验证的新技术改进现役导弹武器，已成为世界主要军事强国进行导弹升级换代的主要发展途径。

导弹武器装备的多功能化，极大地推动了复合制导与控制、组合发动机、新材料、数据链等技术的发展。新技术的应用使导弹的命中精度大幅提高，射程也向两头延伸，速度覆盖亚声速、超声速和高超声速，隐形能力和突防能力不断增强。

精确制导武器技术发展的理想境界就是"耳聪目明"，给导弹装上"高智商大脑"，使它能够自主思考，针对不同的作战环境做出最优选择，进而身手敏捷地打击目标的薄弱环节。

参 考 文 献

[1] 付强，何峻，范红旗，等 . 导弹与制导——精确制导常识通关晋级 [M]. 长沙：国防科技大学出版社，2016.

[2] 付强，朱永锋，宋志勇，等 . 精确制导概览 [M]. 长沙：国防科技大学出版社，2017.

[3] 张忠阳，张维刚，薛乐，等 . 防空反导导弹 [M]. 北京：国防工业出版社，2012.

[4] 袁健全，田锦昌，王清华，等 . 飞航导弹 [M]. 北京：国防工业出版社，2013.

[5] 刘继忠，王晓东，高磊，等 . 弹道导弹 [M]. 北京：国防工业出版社，2013.

[6] 白晓东，刘代军，张蓬蓬，等 . 空空导弹 [M]. 北京：国防工业出版社，2014.

[7] 郝保安，孙起，杨云川，等 . 水下制导武器 [M]. 北京：国防工业出版社，2014.

[8] 苗昊春，杨栓虎，袁军，等 . 智能化弹药 [M]. 北京：国防工业出版社，2014.

[9] 付强，何峻，朱永锋，等 . 精确制导武器技术应用向导 [M]. 北京：国防工业出版社，2014.

[10] 田小川 . 国防科普概论 [M]. 北京：国防工业出版社，2021.

[11] 韩佳宁，康亚瑜，付强 . 探索国防科普在线的新样式——以精确制导知识普及为例 [J]. 国防科技 ,2022,43(4):126–130.